EXAMPRESS®
技術士試験学習書

技術士
教科書

出るとこだけ!

技術士
第一次試験
基礎・適性科目の
要点整理
［第3版］

堀 与志男 著

JN072921

SE
SHOEISHA

本書内容に関するお問い合わせについて

このたびは翔泳社の書籍をお買い上げいただき、誠にありがとうございます。弊社では、読者の皆様からのお問い合わせに適切に対応させていただくため、以下のガイドラインへのご協力をお願い致しております。下記項目をお読みいただき、手順に従ってお問い合わせください。

●ご質問される前に

弊社Webサイトの「正誤表」をご参照ください。これまでに判明した正誤や追加情報を掲載しています。

正誤表　https://www.shoeisha.co.jp/book/errata/

●ご質問方法

弊社Webサイトの「書籍に関するお問い合わせ」をご利用ください。

書籍に関するお問い合わせ　https://www.shoeisha.co.jp/book/qa/

インターネットをご利用でない場合は、FAXまたは郵便にて、下記"翔泳社愛読者サービスセンター"までお問い合わせください。
電話でのご質問は、お受けしておりません。

●回答について

回答は、ご質問いただいた手段によってご返事申し上げます。ご質問の内容によっては、回答に数日ないしはそれ以上の期間を要する場合があります。

●ご質問に際してのご注意

本書の対象を越えるもの、記述個所を特定されないもの、また読者固有の環境に起因するご質問等にはお答えできませんので、予めご了承ください。

●郵便物送付先およびFAX番号

送付先住所　〒160-0006　東京都新宿区舟町5
FAX番号　　03-5362-3818
宛先　　　　（株）翔泳社 愛読者サービスセンター

はじめに

　本書は，「技術士第一次試験」の基礎・適性科目に効率よく合格するための対策書です。

　数年来，過去問題の類似問題の出題率が高まっていることを鑑み，試験によく出る項目を要点として絞り込み，コンパクトなサイズにまとめました。

　広範囲から出題される試験範囲をすべて網羅することは避け，効率的な学習を行って，確実な加点につなげることを目標に編集されていますので，通勤・通学時間や休憩時間などの空き時間を利用した学習や，試験の直前対策にぜひご利用ください。

〈本書の特徴〉
・頻出項目の出題内容が把握できる
　広範囲な出題範囲から，頻出，かつ合格のために確実に覚えておきたい項目に絞って解説しています。
・要点整理でキーワードを確認できる
　絞り込んだ項目について，キーワードを中心として効率よく学習できるように構成しています。
・関連問題で理解度を確認できる
　項目ごとに過去に出題された問題と解説を取り上げていますので，理解度をチェックすることができます。

　本書を活用することで，第一次試験を受験する方々全員が合格されることをお祈り申し上げます。

2023年6月
株式会社5Doors’　代表取締役　堀　与志男

本書の使い方

— テーマ
よく出題される項目ごとに「要点整理」→「出る
とこ！」の流れで編集しているので，ポイントを
把握したうえで過去問題を解くことができます。

要点整理 1.1 信頼性

■ 信頼性と信頼度

信頼性（reliability）は，JIS Z 8115：2019「ディペンダ
ビリティ（総合信頼性）用語」によれば，「アイテムが，与
えられた条件の下で，与えられた期間，故障せずに，要求ど
おりに遂行できる能力」と定義付けられています。ここでい
うアイテムとは，システム（系），装置，要素などを指しま
す。信頼性が確率という形で数量化されたものを信頼度とい
います。信頼度は，「1－故障率」となり

■ 直列システムの信頼度計算

直列システムの信頼度は，「信頼度の積

〔例〕

信頼度が0.8，0.7，0.9の3要素の直列

信頼度＝0.8×0.7×0.9＝0.504

■ 並列システムの信頼度計算

並列システムの信頼度は，「1－{(1－
計算します。

〔例〕

信頼度が0.8，0.7，0.9の3要素の並列

10

出るとこ！ 1.1 信頼性

☑ 信頼度の直列システムは，信頼度の積で計算する

☑ 信頼度の並列システムは，1－{(1－信頼度）の積} で
計算する

問1　　　　　　　　　　　　　　　　　　重要度 ★★★

下図に示した，互いに独立な3個の要素が接続されたシス
テムA～Eを考える。3個の要素の信頼度はそれぞれ0.9，
0.8，0.7である。各システムを信頼度が高い順に並べたもの
として，最も適切なものはどれか。

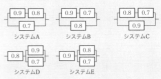

システムA　　　システムB　　　システムC

システムD　　　システムE

図　システム構成図と各要素の信頼度

① C＞B＞E＞A＞D
② C＞B＞A＞E＞D
③ C＞E＞B＞D＞A
④ E＞D＞A＞B＞C
⑤ E＞D＞C＞B＞A

（令和3年度　Ⅰ－1－2）

12

ポイント—
過去問題の傾向から，出
題されそうな事項をピッ
クアップしてあります。

4

第1章～第5章：基礎科目，第6章：適性科目に対応しています。

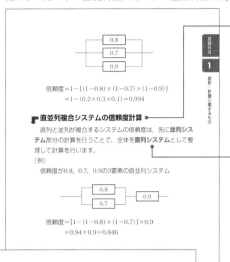

信頼度 = $1 - \{(1-0.8) \times (1-0.7) \times (1-0.9)\}$
 = $1 - (0.2 \times 0.3 \times 0.1) = 0.994$

キーワード
重要なキーワードを取り上げて，コンパクトにわかりやすく説明しています。

■ **直並列複合システムの信頼度計算**

直列と並列が複合するシステムの信頼度は，先に**並列システム**部分の計算を行うことで，全体を**直列システム**として整理して計算を行います。

〔例〕
信頼度が0.8，0.7，0.9の3要素の直並列システム

信頼度 = $\{1 - (1-0.8) \times (1-0.7)\} \times 0.9$
 = $0.94 \times 0.9 = 0.846$

赤い文字
ポイントとなる用語については赤字で記してあります。付属の赤いシートを被せると，赤くなっている用語や数式を隠せます。暗記対策にご利用ください。

■ **解説　解答②**

直列部の信頼度は「信頼度の積」，並列部の信頼度は，$1 - \{(1-信頼度)の積\}$で表されます。

システムAの信頼度 = $1 - \{(1-0.9 \times 0.8) \times (1-0.7)\}$
 = 0.916
システムBの信頼度 = $1 - \{(1-0.9 \times 0.7) \times (1-0.8)\}$
 = 0.926
システムCの信頼度 = $1 - \{(1-0.8 \times 0.7) \times (1-0.9)\}$
 = 0.956
システムDの信頼度 = $0.8 \times \{1 - (1-0.9) \times (1-0.7)\}$
 = 0.776
システムEの信頼度 = $0.9 \times \{1 - (1-0.8) \times (1-0.7)\}$
 = 0.846

したがって，信頼度の高い順にC>B>A>E>Dとなり，②が正解となります。

解説
ポイントを意識ながら，要点を簡潔に解説しています。

問2　　　　　　　　重要度 ★★★

下図は，システム信頼性解析の一つであるFTA（Fault Tree Analysis）図である。図で，記号aはAND機能を表し，その下流（下側）の事象が同時に生じた場合に上流（上側）の事象が発現することを意味し，記号bはOR機能を表し，下流の事象のいずれかが生じた場合に上流の事象が発現することを意味する。事象Aが発現する確率に最も近い値はどれか。図中の最下段の枠内の数値は，最も下流で生じる事象の発現確率を表す。なお，記号の下流側の事象の発生はそれぞれ独立事象とする。

過去問題
技術士試験では，過去問題と同じ，あるいは類似した問題が多く出題されます。本書では，その傾向を分析して問題をセレクトしています。また，すべての問題について重要度評価と出典を示しています。

目次 CONTENTS

技術士 第一次試験 試験概要

●受験資格

受験資格の制限はありませんので, 誰でも受験できます。

●試験の実施

・受験申込書等の配布期間

6月上旬～7月上旬頃に, 日本技術士会および各地域本部等で配布されます。日本技術士会のウェブサイトからダウンロードして入手することもできます。

・受験申込書の受付期間

6月中旬～7月上旬頃に, 日本技術士会に書留郵便で提出します。

・試験実施日

例年, 11月の最終日曜日

・試験科目, 試験時間, 試験内容

基礎科目（1時間）　科学技術全般にわたる基礎知識を問う問題
適性科目（1時間）　技術士法第4章の規定の遵守に関する適性を問う問題
専門科目（2時間）　20技術部門のうち, あらかじめ選択する1技術部門に係る基礎知識および専門知識を問う問題

いずれも5肢択一のマークシート方式で行われます。

●試験についての問合せ先

公益社団法人 日本技術士会
URL　https://www.engineer.or.jp
※最新の情報を上記サイトで必ずご確認ください。

第1章 基礎科目

設計・計画に
関するもの

信頼性と信頼度

信頼性（reliability）は，JIS Z 8115：2019「ディペンダビリティ（総合信頼性）用語」によれば，「アイテムが，与えられた条件の下で，与えられた期間，故障せずに，要求どおりに遂行できる能力」と定義付けられています。ここでいうアイテムとは，システム（系），装置，要素などを指します。信頼性が確率という形で数量化されたものを**信頼度**といいます。信頼度は，「1−**故障率**」となります。

直列システムの信頼度計算

直列システムの信頼度は，「**信頼度の積**」で計算します。
〔例〕
信頼度が0.8，0.7，0.9の3要素の直列システム

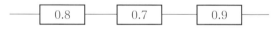

信頼度＝0.8×0.7×0.9＝0.504

並列システムの信頼度計算

並列システムの信頼度は，「1−{（1−信頼度）の積}」で計算します。
〔例〕
信頼度が0.8，0.7，0.9の3要素の並列システム

$$信頼度 = 1 - \{(1-0.8) \times (1-0.7) \times (1-0.9)\}$$
$$= 1 - (0.2 \times 0.3 \times 0.1) = 0.994$$

▶ 直並列複合システムの信頼度計算

直列と並列が複合するシステムの信頼度は，先に**並列システム**部分の計算を行うことで，全体を**直列システム**として整理して計算を行います。

〔例〕

信頼度が0.8，0.7，0.9の3要素の直並列システム

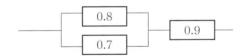

$$信頼度 = \{1 - (1-0.8) \times (1-0.7)\} \times 0.9$$
$$= 0.94 \times 0.9 = 0.846$$

☑信頼度の直列システムは，信頼度の積で計算する

☑信頼度の並列システムは，1−{(1−信頼度)の積} で
計算する

問1　　　　　　　　　　　　　　　　　　重要度 ★★★

下図に示した，互いに独立な3個の要素が接続されたシステム A〜Eを考える。3個の要素の信頼度はそれぞれ0.9，0.8，0.7である。各システムを信頼度が高い順に並べたものとして，最も適切なものはどれか。

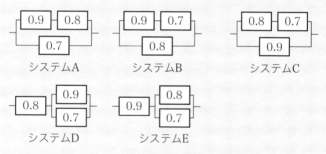

図　システム構成図と各要素の信頼度

① C＞B＞E＞A＞D
② C＞B＞A＞E＞D
③ C＞E＞B＞D＞A
④ E＞D＞A＞B＞C
⑤ E＞D＞C＞B＞A

（令和3年度　Ⅰ−1−2）

解説 解答②

直列部の信頼度は「信頼度の積」，並列部の信頼度は，$1-\{(1-信頼度)の積\}$ で表されます。

システムAの信頼度 $=1-\{(1-0.9\times0.8)\times(1-0.7)\}$
$=0.916$

システムBの信頼度 $=1-\{(1-0.9\times0.7)\times(1-0.8)\}$
$=0.926$

システムCの信頼度 $=1-\{(1-0.8\times0.7)\times(1-0.9)\}$
$=0.956$

システムDの信頼度 $=0.8\times\{1-(1-0.9)\times(1-0.7)\}$
$=0.776$

システムEの信頼度 $=0.9\times\{1-(1-0.8)\times(1-0.7)\}$
$=0.846$

したがって，信頼度の高い順に**C＞B＞A＞E＞D**となり，②が正解となります。

問2　　　　　　　　　　　　　　　重要度 ★★★

下図は，システム信頼性解析の一つであるFTA（Fault Tree Analysis）図である。図で，記号aはAND機能を表し，その下流（下側）の事象が同時に生じた場合に上流（上側）の事象が発現することを意味し，記号bはOR機能を表し，下流の事象のいずれかが生じた場合に上流の事象が発現することを意味する。事象Aが発現する確率に最も近い値はどれか。図中の最下段の枠内の数値は，最も下流で生じる事象の発現確率を表す。なお，記号の下流側の事象の発生はそれぞれ独立事象とする。

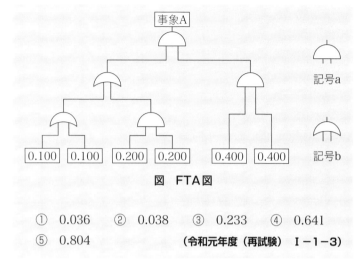

図 FTA図

① 0.036 ② 0.038 ③ 0.233 ④ 0.641

⑤ 0.804 （令和元年度（再試験）Ⅰ-1-3）

解説 解答①

　AND回路は発現確率の積で，OR回路は1-{(1-発現確率)の積}で計算します。

　設問の図の最下段左から，

　　1-(1-0.100)×(1-0.100)=0.190

　その右回路が，0.200×0.200=0.040

　二段目左回路が，1-(1-0.040)×(1-0.190)=0.2224

　二段目右回路が，0.400×0.400=0.160

　事象A=0.2224×0.160=0.035584≒**0.036**

　したがって，①が正解となります。

問3 重要度 ★★★

　下図に示される左端から右端に情報を伝達するシステムの設計を考える。図中の数値及び記号X（X>0）は，構成す

る各要素の信頼度を示す。また、要素が並列につながっている部分は、少なくともどちらか一方が正常であれば、その部分は正常に作動する。ここで、図中のように、同じ信頼度Xを持つ要素を配置することによって、システムA全体の信頼度とシステムB全体の信頼度が同等であるという。このとき、図中のシステムA全体の信頼度及びシステムB全体の信頼度として、最も近い値はどれか。

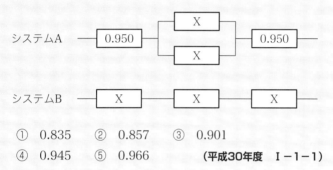

① 0.835 ② 0.857 ③ 0.901
④ 0.945 ⑤ 0.966 (平成30年度 Ⅰ-1-1)

解説 解答③

システムAの並列部は、$1-\{(1-X)\times(1-X)\}=2X-X^2$ となります。ここから、システムA全体の信頼度は、

$0.950\times(2X-X^2)\times0.950=1.805X-0.9025X^2$

システムBの信頼度は、$X\times X\times X=X^3$ となります。

システムAとシステムBの信頼度が同等なので、

$1.805X-0.9025X^2=X^3$

Xについて整理すると、$X≒0.966$

この値を使って、システムBの信頼度を計算すると、

$0.966\times0.966\times0.966≒$**0.9014**となります。

したがって、最も近い値の③が正解となります。

▶ 待ち行列

待ち行列とは，待ち行列長，平均待ち時間，利用率などの指標を用いて，顧客がサービスを受けるための行列を数理モデル化して，**平均応対時間**などを求める問題解決方法です。

例えば，ある銀行にある1台のATMにおいて，顧客が並んでから処理が終了するまでの平均応対時間を求める場合などに用いられます。

試験では，設問に待ち行列の公式が与えられている場合がほとんどなので，この公式に適切な数値を当てはめて解答を導きます。

▶ ポアソン分布

ポアソン分布とは，所与の時間間隔で発生する離散的な事象を数える特定の確率変数を持つ**離散確率**分布のことです。「起こる確率が小さい」事柄がn回起こる確率を，横軸に回数n，縦軸にn回起こる確率でグラフにした分布です。

起こる確率が高くなるほど，どんどん正規分布に近づいていきます。ATMの顧客処理であれば，利用者が多いほど正規分布に近づいていきます。

▶ 線形計画法

線形計画法は，ある決まった等式または一次不等式による**制約条件**の中で，**目的関数**の最大（または最小）を求める問題解決方法です。

例えば，材料A，Bを用いて，製品X，Yを製造・販売する際に，全体の利益が最大になるような製造・販売台数を求

める場合などに用いられます。

制約条件の式と，目的関数を求める式を正確に立てることがポイントです。

変数 x, y によって変化する利益 z を求める条件での解法のおおよその手順は，次のとおりとなります。

1）問題文から制約条件1の式を立てる

　　○ x ＋△ y ≧□（不等号の向きは題意による）

2）問題文から制約条件2の式を立てる

3）さらに制約条件が示されていれば式を立てる

4）目的関数の式を立てる

　　z ＝◎ x ＋▽ y

5）1）～4）までの連立方程式・不等式を解く

実際の線形計画法では，制約条件をそれぞれ図式化して，各制約条件で囲まれた範囲内で目的関数を平行移動して，z が最大（または最小）になる点を求めて，その最大（または最小）における x, y を求めるという手段をとります。しかし，試験では，選択肢から得られる組合せ全部を5）に適用すれば正解を導くことができます。

☑待ち行列の問題では，与えられた公式に正確に数値を代入して求める

☑線形計画法の問題では，正確な制約条件と目的関数を求める式を立てる

問1 重要度 ★★★

ある工業製品の安全率をxとする（$x>1$）。この製品の期待損失額は，製品に損傷が生じる確率とその際の経済的な損失額の積として求められ，損傷が生じる確率は$1／(1+x)$，経済的な損失額は9億円である。一方，この製品を造るための材料費やその調達を含む製造コストがx億円であるとした場合に，製造にかかる総コスト（期待損失額と製造コストの合計）を最小にする安全率xの値はどれか。

① 2.0 ② 2.5 ③ 3.0 ④ 3.5 ⑤ 4.0

（令和4年度 Ⅰ-1-4）

解説 解答①

$9×1／(1+x)+x$の式を最小にする安全率を選択肢から選びます。

① $9×1／(1+2.0)+2.0=$**5**
② $9×1／(1+2.5)+2.5≒5.07$
③ $9×1／(1+3.0)+3.0=5.25$
④ $9×1／(1+3.5)+3.5=5.5$

⑤ $9 \times 1 / (1+4.0) + 4.0 = 5.8$

したがって，①が正解となります。

問2

重要度 ★★★

ある工場で原料A，Bを用いて，製品1，2を生産し販売している。下表に示すように製品1を1 [kg] 生産するために原料A，Bはそれぞれ3 [kg]，1 [kg] 必要で，製品2を1 [kg] 生産するためには原料A，Bをそれぞれ2 [kg]，3 [kg] 必要とする。原料A，Bの使用量については，1日当たりの上限があり，それぞれ24 [kg]，15 [kg] である。

(1) 製品1，2の1 [kg] 当たりの販売利益が，各々2 [百万円／kg]，3 [百万円／kg] の時，1日当たりの全体の利益 z [百万円] が最大となるように製品1並びに製品2の1日当たりの生産量 x_1 [kg]，x_2 [kg] を決定する。なお，$x_1 \geqq 0$，$x_2 \geqq 0$ とする。

表 製品の製造における原料使用量，使用条件，及び販売利益

	製品1	製品2	使用上限
原料A [kg]	3	2	24
原料B [kg]	1	3	15
利益 [百万円／kg]	2	3	

(2) 次に，製品1の販売利益が Δc [百万円／kg] だけ変化する，すなわち $(2+\Delta c)$ [百万円／kg] となる場合を想定し，zを最大にする製品1，2の生産量が，(1)で決定した製品1，2の生産量と同一である Δc [百万円／kg] の範囲を求める。

1日当たりの生産量 x_1 [kg] 及び x_2 [kg] の値と，Δc [百万円／kg] の範囲の組合せとして，最も適切なものはどれか。

① $x_1=0$, $x_2=5$, $-1 \leqq \Delta c \leqq 5／2$

② $x_1=6$, $x_2=3$, $\Delta c \leqq -1$, $5／2 \leqq \Delta c$

③ $x_1=6$, $x_2=3$, $-1 \leqq \Delta c \leqq 1$

④ $x_1=0$, $x_2=5$, $\Delta c \leqq -1$, $5／2 \leqq \Delta c$

⑤ $x_1=6$, $x_2=3$, $-1 \leqq \Delta c \leqq 5／2$

（令和2年度　Ⅰ-1-4）

解説　**解答⑤**

（1）製品1, 2の1日当たりの生産量（[kg]）をそれぞれ x_1, x_2とすると，原料Aの使用上限＝$3x_1+2x_2 \leqq 24$…①，原料Bの使用上限＝$x_1+3x_2 \leqq 15$…②より，下記グラフの交点（各原料の最大使用上限）は $(x_1, x_2)=(6, 3)$ となります。利益＝$2x_1+3x_2$の式が成り立つので，$x_1=6$，$x_2=3$を代入すると，最大利益＝$2 \times 6+3 \times 3=21$百万円となります。

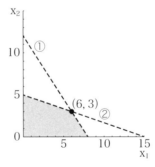

（2）変化する利益は，$(2+\Delta c)x_1+3x_2$…③で表されます。ここから，$x_1=6$，$x_2=3$を維持するためのΔcを求めます。式①の傾きと重なるときには利益＝$4.5x_1+3x_2$，$4.5=2+\Delta c$，$\Delta c=2.5=5／2$，式②の傾きと重なるときには，利益＝$1x_1+3x_2$，$1=2+\Delta c$，$\Delta c=-1$となります。

ここから，条件を満たすΔcの範囲は，**$-1 \leqq \Delta c \leqq 5／2$**

となります。

したがって，⑤が正解となります。

問3   重要度 ★★★

ある銀行に1台のATMがあり，このATMを利用するために到着する利用者の数は1時間当たり平均40人のポアソン分布に従う。また，このATMでの1人当たりの処理に要する時間は平均40秒の指数分布に従う。このとき，利用者がATMに並んでから処理が終了するまで系内に滞在する時間の平均値として最も近い値はどれか。

トラフィック密度（利用率）＝到着率÷サービス率
平均系内列長＝トラフィック密度÷（1－トラフィック密度）
平均系内滞在時間＝平均系内列長÷到着率

① 68秒　　② 72秒　　③ 85秒　　④ 90秒
⑤ 100秒   (令和元年度　I－1－5)

解説 解答②

到着率＝40人／時間
サービス率＝90人／時間（サービス率は3,600÷40）
トラフィック密度（利用率）
$= (40人／時間) \div (90人／時間) = \frac{4}{9}$
平均系内列長 $= \frac{4}{9} \div \left(1 - \frac{4}{9}\right) = \frac{4}{5} = 0.8$

平均系内滞在時間＝0.8÷（40人／時間）＝0.02時間
　　　　　　　　＝**72**秒

したがって，②が正解となります。

■ ユニバーサルデザイン

ユニバーサルデザインは，米国ノースカロライナ州立大学のユニバーサルデザインセンター所長を務めていた建築家**ロナルド・メイス**によって提唱された理念で，「可能な限りの**最大限**の人が利用可能であるように**製品**や**環境**をデザインすること」が基本コンセプトです。

ユニバーサルデザインの7原則は，以下のとおりです。

- 原則1：どんな人でも公平に使えること（**公平**な利用）
- 原則2：使う上での柔軟性があること（利用における**柔軟性**）
- 原則3：使い方が簡単で自明であること（単純で**直感的**な利用）
- 原則4：必要な情報がすぐにわかること（**認知**できる情報）
- 原則5：うっかりミスを許容できること（**失敗**に対する寛大さ）
- 原則6：身体への過度な負担を必要としないこと（少ない**身体的**な努力）
- 原則7：アクセスや利用のための十分な大きさと空間が確保されていること（接近や利用のための**サイズ**と**空間**）

■ 製図の投影法

製図の投影法には，**第一**角法と**第三**角法があります。機械製図に用いられる投影法は，基本的に**第三**角法を用いるべきであることがJISに規定されています。

用いた投影法は，表題欄かその付近に各投影法の記号を記載します。

　どちらの投影法も，1つの対象物の正面図のまわりに，その他の投影図のいくつかまたはすべてを配置して描きますが，その配置に違いがあります。

　第三角法では，平面図は正面図の**上側**，下面図は正面図の**下側**，左側面図は正面図の**左側**，右側面図は正面図の**右側**に置きます。

　第一角法では，平面図は正面図の**下側**，下面図は正面図の**上側**，左側面図は正面図の**右側**，右側面図は正面図の**左側**に置きます。

▌許容応力度

　許容応力度とは，構造計算上で材料が破壊されない，実際に使用に安全であると考えられる最大の応力のことです。その値は，**設計基準強度**を**安全率**で除して求められます。

$$許容応力度 = \frac{設計基準強度}{安全率}$$

　設計基準強度は，材料強度の特性値で，材料の基準強さ，極限強さとも呼ばれます。

▌座屈

　細長い棒などに対して長辺方向に力を加えていった場合，**引張**力による変形は難しいですが，**圧縮**力による変形は容易です。圧縮力を加えたとき，ある荷重で急に変形を起こし，大きなたわみを起こす現象を**座屈**といいます。

☑ユニバーサルデザインの7原則は，1）公平な利用，2）利用における柔軟性，3）単純で直感的な利用，4）認知できる情報，5）失敗に対する寛大さ，6）少ない身体的な努力，7）接近や利用のためのサイズと空間

問1　　　　　　　　　　　　　　　　重要度 ★★★

次のうち，ユニバーサルデザインの特性を備えた製品に関する記述として，最も不適切なものはどれか。

① 小売店の入り口のドアを，ショッピングカートやベビーカーを押していて手がふさがっている人でも通りやすいよう，自動ドアにした。

② 録音再生機器（オーディオプレーヤーなど）に，利用者がゆっくり聴きたい場合や速度を速めて聴きたい場合に対応できるよう，再生速度が変えられる機能を付けた。

③ 駅構内の施設を案内する表示に，視覚的な複雑さを軽減し素早く効果的に情報が伝えられるよう，ピクトグラム（図記号）を付けた。

④ 冷蔵庫の扉の取っ手を，子どもがいたずらしないよう，扉の上の方に付けた。

⑤ 電子機器の取扱説明書を，個々の利用者の能力や好みに合うよう，大きな文字で印刷したり，点字や音声・映像で提供したりした。

（令和3年度Ⅰ−1−1）

解説 解答④

①～③，⑤ **適切**。記述のとおりです。

④ **不適切**。子どものいたずら対策は，ユニバーサルデザインのコンセプトには当てはまりません。

したがって，④が正解となります。

問2   重要度 ★★★

ユニバーサルデザインに関する次の記述について，□□□□ に入る語句の組合せとして，最も適切なものはどれか。

北欧発の考え方である，障害者と健常者が一緒に生活できる社会を目指す ア ，及び，米国発のバリアフリーという考え方の広がりを受けて，ロナルド・メイス（通称ロン・メイス）により1980年代に提唱された考え方が，ユニバーサルデザインである。ユニバーサルデザインは，特別な設計やデザインの変更を行うことなく，可能な限りすべての人が利用できうるよう製品や イ を設計することを意味する。ユニバーサルデザインの7つの原則は，(1) 誰でもが公平に利用できる，(2) 柔軟性がある，(3) シンプルかつ ウ な利用が可能，(4) 必要な情報がすぐにわかる，(5) エ しても危険が起こらない，(6) 小さな力でも利用できる，(7) じゅうぶんな大きさや広さが確保されている，である。

	ア	イ	ウ	エ
①	カスタマイゼーション	環境	直感的	ミス
②	ノーマライゼーション	制度	直感的	長時間利用
③	ノーマライゼーション	環境	直感的	ミス
④	カスタマイゼーション	制度	論理的	長時間利用

⑤　ノーマライゼーション　環境　論理的　長時間利用

（令和2年度　Ⅰ－1－1）

解説　解答③

　米国ノースカロライナ州立大学のロナルド・メイスによって提唱されたユニバーサルデザインは，「可能な限りの最大限の人が利用可能であるように製品や環境をデザインすること」を基本コンセプトとして，（1）公平な利用，（2）利用における柔軟性，（3）単純で直感的な利用，（4）認知できる情報，（5）失敗に対する寛大さ，（6）少ない身体的な努力，（7）接近や利用のためのサイズと空間を7原則としています。ユニバーサルデザインはノーマライゼーションを具体的に推進する考え方といえます。

　したがって，（ア）**ノーマライゼーション**，（イ）**環境**，（ウ）**直感的**，（エ）**ミス**の語句となり，③が正解となります。

問3　　　　　　　　　　　　　　　　重要度 ★★★

　製図法に関する次の（ア）から（オ）の記述について，それぞれの正誤の組合せとして，最も適切なものはどれか。
（ア）　第三角法の場合は，平面図は正面図の上に，右側面図は正面図の右にというように，見る側と同じ側に描かれる。
（イ）　第一角法の場合は，平面図は正面図の上に，左側面図は正面図の右にというように，見る側とは反対の側に描かれる。
（ウ）　対象物内部の見えない形を図示する場合は，対象物をある箇所で切断したと仮定して，切断面の手前を取り除

き，その切り口の形状を，外形線によって図示すること
とすれば，非常にわかりやすい図となる。このような図
が想像図である。

(エ) 第三角法と第一角法では，同じ図面でも，違った対象
物を表している場合があるが，用いた投影法は明記する
必要がない。

(オ) 正面図とは，その対象物に対する情報量が最も多い，
いわば図面の主体になるものであって，これを主投影図
とする。したがって，ごく簡単なものでは，主投影図だ
けで充分に用が足りる。

	ア	イ	ウ	エ	オ
①	正	正	誤	誤	誤
②	誤	正	正	誤	誤
③	誤	誤	正	正	誤
④	誤	誤	誤	正	正
⑤	正	誤	誤	誤	正

(令和2年度 Ⅰ-1-5)

解説 解答⑤

(ア) **正**。記述のとおりです。

(イ) **誤**。第一角法では，平面図は正面図の下に描きます。

(ウ) **誤**。設問の記述は断面図に関する説明です。

(エ) **誤**。図面のルールとして，用いた投影法がわかるよ
うにマークを明記します。

(オ) **正**。記述のとおりです。

したがって，⑤が正解となります。

人に優しい設計に関する次の（ア）〜（ウ）の記述について，それぞれの正誤の組合せとして，最も適切なものはどれか。

（ア）バリアフリーデザインとは，障害者，高齢者等の社会生活に焦点を当て，物理的な障壁のみを除去するデザインという考え方である。

（イ）ユニバーサルデザインとは，施設や製品等について新しい障壁が生じないよう，誰にとっても利用しやすく設計するという考え方である。

（ウ）建築家ロン・メイスが提唱したバリアフリーデザインの7原則は次のとおりである。誰もが公平に利用できる，利用における自由度が高い，使い方が簡単で分かりやすい，情報が理解しやすい，ミスをしても安全である，身体的に省力で済む，近づいたり使用する際に適切な広さの空間がある。

	ア	イ	ウ
①	正	正	誤
②	誤	正	誤
③	誤	誤	正
④	正	誤	誤
⑤	正	正	正

（平成30年度　I−1−3）

解説　**解答②**

（ア）**誤**。「精神的な障壁を取り除く」ことも含まれます。

（イ）**正**。記述のとおりです。

(ウ) **誤**。ロン・メイス（ロナルド・メイス）が提唱した
　　　7原則は，ユニバーサルデザインに関するものです。
したがって，②が正解となります。

問5　　　　　　　　　　　　　　　　　　重要度 ★★★

　材料の強度に関する次の記述の，　　　　に入る語句の組合
せとして，最も適切なものはどれか。

　下図に示すように，プラスチックの定規に手で ア を与
えて破壊することは難しいが， イ を加えると容易に変形
して抵抗をなくしてしまう。これが ウ 現象である。設計
に使用される許容応力度は，材料強度の特性値である設計基
準強度を エ で除して決められている。

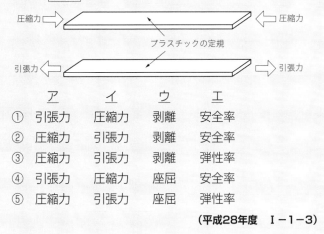

圧縮力 ⇒ ⇐ 圧縮力
プラスチックの定規
引張力 ⇐ ⇒ 引張力

	ア	イ	ウ	エ
①	引張力	圧縮力	剥離	安全率
②	圧縮力	引張力	剥離	安全率
③	圧縮力	引張力	剥離	弾性率
④	引張力	圧縮力	座屈	安全率
⑤	圧縮力	引張力	座屈	弾性率

（平成28年度　Ⅰ-1-3）

解説　解答④

　（ア）**引張力**，（イ）**圧縮力**，（ウ）**座屈**，（エ）**安全率**とな
り，④が正解となります。

▶ 保全方法の分類

保全（maintenance）は，JIS Z 8115：2019「ディペンダビリティ（総合信頼性）用語」によれば，「アイテムが要求どおりに実行可能な状態に維持され，又は修復されることを意図した，全ての技術的活動及び管理活動の組合せ」と定義付けられています。

保全は，故障を発見する前に行われる**予防保全**と，故障を発見した後に行われる**事後保全**に分けられます。予防保全は，**時間計画保全**と**状態基準保全（状態監視保全）**に分けられます。さらに，時間計画保全は，予定の時間間隔で行う**定期保全**と，アイテムが予定の累積動作時間に達したときに行う**経時保全**に分けられます。

▶ 時間計画保全

時間計画保全は，これまでの故障記録や保全記録の評価から周期を決めて，周期ごとに保全を行う方式です。定期的に保全するので，周期中の点検などの補修を省略できるのが特徴です。その代わり，次の保全時期まで故障を生じさせないように整備するため，**余寿命**を残したまま保全することになります。そのため，時間周期で検査する定期保全では機械や設備の状態が良好なのに分解検査などを行うことがあります。

▶ 状態監視保全

状態監視保全は，機械や設備などの**劣化状況**の具合を管理して，故障する前に対処する保全方式です。機械や設備を構成する部品の劣化や機能を失う時期を観察や検査，測定によ

り**定量的**に判断して，保全方法や時期を定めています。観察や測定には，監視装置を用いて対象となる機器や設備の故障兆候を常時モニターし，必要に応じて保全するようにしています。

◤ 事後保全

事後保全には，**計画**された事後保全と，意図しない**緊急的**な事後保全があります。安全上問題がなく，補修時間が短く，コスト的にも有利といった場合には前者が採用されることがあります。後者は突発的なトラブルが原因なので，極力避ける方がよいといわれています。

◤ 抜取検査（JIS Z 9015-1）

抜取検査に関する規格として，JIS Z 9015-1：2006「計数値検査に対する抜取検査手順—第1部：ロットごとの検査に対するAQL指標型抜取検査方式」があります。

この規格では，計数値検査を1つまたは1そろいの規定要求事項に関して，あるアイテムを単に**適合品**か**不適合品**に分類する，またはアイテム中の**不適合数**を数えて行う検査と定義しています。

ロットの合否は，1つまたは複数の抜取検査方式を用いて決めるとしており，検査開始時は**なみ検査**を行い，その後のロットの不適合品が出現するスコアによって，**きつい検査**，あるいは**ゆるい検査**へ切り換えます。

検査の際に，満足な製品を不合格にする確率が高いと生産者に不利益となるため，これを**生産者危険**といいます。一方，不満足な製品を合格にする確率が高いと消費者に不利益となるため，これを**消費者危険**といいます。

■ QC7つ道具

　QC7つ道具は，品質管理のみならず品質改善を進めていく上で有効な**QC**（品質管理）手法の1つです。**定量的**な分析（数値分析）に活用することで，製造現場などにおける品質の向上や納期短縮，コストダウンなどを進める有力なツールになっています。その7つ道具には，**パレート図**，**特性要因図**，**グラフ・管理図**，**チェックシート**，**ヒストグラム**，**散布図**，**層別**があります。これらを用途別，また目的別に使い分け，そこで得られた解をさらに別の道具を使って解析することで，問題の原因を究明したり解決策を見出したりできるようにしています。

■ パレート図

　パレート図は，データを項目別に分け，数値が大きいもの順に並べた棒グラフと，百分率の折れ線グラフで構成されている図です。何が一番重要なのかといった**重点解析**や現状把握，効果の確認などに利用されています。

■ 特性要因図

　特性要因図は，原因とそれから生じた結果がどのように関係して影響しているかを一目見てわかるように魚の骨のような形状で表した図（**フィッシュボーン・チャート**）です。ある問題点について，影響を及ぼす要因を体系立てて示すことで問題点を整理し，**改善**の糸口を探すのに役立っています。

■ グラフ・管理図

　グラフ・管理図は，製造している製品などの大きさや重量などのデータを工程ごとに集計して時系列に折れ線グラフで表したグラフで，中心線や管理限界線などを記載すること

で，傾向や変化などがわかるようにしています。これにより問題の見える化ができるようになるほか，問題の整理・解析もできるようになり，品質管理や**工程管理**も図れるようになります。規格外の製品を見つけやすくなるからです。

■チェックシート

チェックシートは，点検項目をはじめ確認項目，遵守すべき項目などを漏れなくチェックできるように，それらをあらかじめフォーマットした図です。チェック状況を見える化することで，不具合案件の**原因究明**に役立ちます。

■ヒストグラム

ヒストグラムは，縦軸に度数，横軸に測定値の階級をとった統計棒グラフの一種で，**異常**値やデータの**ばらつき**度を見ることができます。ヒストグラムを活用することで，現状の把握や製造段階における工程能力がどの程度か，推し量ることができるようになります。

■散布図

散布図は，2つの項目のデータを縦軸と横軸にとって**プロット**（打点）で表した図です。**相関**関係などを調べるために用いられます。

■層別

層別とは，集計したデータの共通点や特徴などに注目して同じ共通点や特徴を持ついくつかの**グループ**（層）に分けることです。層別することで，漠然としていたデータの傾向や特徴などがわかるようになります。

▶ 新QC7つ道具

新QC7つ道具は，**定性的**な分析（言語分析）に活用されるもので，親和図法，連関図法，系統図法，マトリックス図法，アローダイアグラム，PDPC法，マトリックスデータ解析法があります。QC7つ道具が具体的な課題に対して，7つの道具を駆使して改善を進めていくのに対し，新QC7つ道具は**PDCA**（Plan，Do，Check，Action）のマネジメントサイクルのうちの最初のPlanの段階における計画や企画を迅速に進めるためのツールです。

▶ 親和図法

親和図法は，言語データや観察などで得た情報をカードなどにまとめて整理する方法です。**図形化**や**視覚化**することで，隠れている問題点などを表出させる手法です。関係するメンバーから意見を聞き出したり，情報の共有化を図りたいときに用います。

▶ 連関図法

連関図法は，問題点に対して，引き起こしていると考えられる要因（**一次要因**）を書き出し，さらにそこから派生する要因（**二次要因**）をその周りに書き出し，それらの**因果**関係を矢印でつないで整理していく手法です。

▶ 系統図法

系統図法は，まず最終的に到達したい目標を掲げ，その目標を達成するための手段や方策を捻出します。さらにその手段や方策を講じるための手立てを順次考えていくというようにして，**系統**的に解決策を導いていく方法です。場当たり的・非論理的思考に陥らないようにするための手法といえま

す。

▌マトリックス図法

　マトリックスとは，数学の「**行列**」のことです。マトリックス図法とは，2つの要素の関連を調べるために，それぞれの要素を行（横）と列（縦）に配した表を作り，縦横の線で囲まれたマス目に要素間の関連の有無や強弱などを表す記号を書き入れたものです。2つの要素間の関連性を把握しやすいように見える化することで，問題に対する**解**を得ることを狙いとしています。

▌アローダイアグラム

　アローダイアグラムは，目標を達成するために必要な作業・行動の相互関係や優先順位などを矢印で示すことにより，効率的な**進捗管理**や計画立案をするための手法です。

▌PDPC法

　PDPC法は，Process Decision Program Chartの頭文字をとって命名されたもので，問題を解決するまでの**過程**において事前に考えられる問題点や課題などを予測し，その対策を考え出すことで，望む方向への解決策を導き出す方法です。

▌マトリックスデータ解析法

　マトリックスデータ解析法は，マトリックス図から得られた要素の関連を数値データに変換して，多変量解析（**主成分分析**）することにより俯瞰して全体を把握できるようにする手法です。

☑保全は予防保全と事後保全に分けられ，予防保全は時間計画保全と状態基準保全（状態監視保全）に分けられ，さらに時間計画保全は定期保全と経時保全に分けられる

☑抜取検査方式には，なみ検査，きつい検査，ゆるい検査がある

問1 重要度 ★★★

保全に関する次の記述の □ に入る語句の組合せとして，最も適切なものはどれか。

設備や機械など主にハードウェアからなる対象（以下，アイテムと記す）について，それを使用及び運用可能状態に維持し，又は故障，欠点などを修復するための処置及び活動を保全と呼ぶ。保全は，アイテムの劣化の影響を緩和し，かつ，故障の発生確率を低減するために，規定の間隔や基準に従って前もって実行する ア 保全と，フォールトの検出後にアイテムを要求通りの実行状態に修復させるために行う イ 保全とに大別される。また， ア 保全は定められた ウ に従って行う ウ 保全と，アイテムの物理的状態の評価に基づいて行う状態基準保全とに分けられる。さらに， ウ 保全には予定の時間間隔で行う エ 保全，アイテムが予定の累積動作時間に達したときに行う オ 保全がある。

	ア	イ	ウ	エ	オ
①	予防	事後	劣化基準	状態監視	経時

②	状態監視	経時	時間計画	定期	予防
③	状態監視	事後	劣化基準	定期	経時
④	定期	経時	時間計画	状態監視	事後
⑤	予防	事後	時間計画	定期	経時

(令和元年度（再試験） I－1－6)

解説　解答⑤

(ア)　**予防**。直前にある「前もって実行する」と同義になります。

(イ)　**事後**。前に「フォールトの検出後に」とあります。

(ウ)　**時間計画**。予防保全は，時間計画保全と状態基準保全に分けられます。

(エ)　**定期**。直前に「予定の時間間隔で」とあります。

(オ)　**経時**。直前に「予定の累積動作時間に達したときに」とあります。

したがって，⑤が正解となります。

問2　　　　　　　　　　　　　　　　　重要度 ★★★

設計開発プロジェクトのアローダイアグラムが下図のように作成された。ただし，図中の矢印のうち，実線は要素作業を表し，実線に添えたpやa1などは要素作業名を意味し，同じく数値はその要素作業の作業日数を表す。また，破線はダミー作業を表し，○内の数字は状態番号を意味する。このとき，設計開発プロジェクトの遂行において，工期を遅れさせないために，特に重点的に進捗状況管理を行うべき要素作業群として，最も適切なものはどれか。

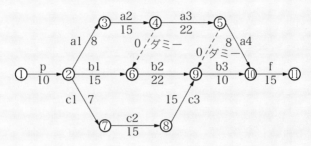

図 アローダイアグラム（arrow diagram：矢線図）

① （p, a1, a2, a3, b2, b3, f）

② （p, c1, c2, c3, b3, f）

③ （p, b1, b2, b3, f）

④ （p, a1, a2, b2, b3, f）

⑤ （p, a1, a2, a3, a4, f）

（平成30年度　Ⅰ－1－2）

解説 **解答①**

　与えられたアローダイアグラムからプロジェクトの遂行を左右するクリティカルパス（作業工程上最も時間がかかる経路）を読み取り，重要な要素作業をピックアップします。

　設問のアローダイアグラムから読み取れるクリティカルパスは，「1→2→3→4→6→9→10→11」と「1→2→3→4→5→9→10→11」の経路で，その日数は80日です。この経路上にある要素作業が重点的に進捗状況管理を行うべきものとなります。

　したがって，クリティカルパス上の要素作業を群として表している①が正解となります。

問3

重要度 ★★★

抜取検査に関する次の記述の, ［　　　］に入る語句の組合せ
として, 最も適切なものはどれか。

ロットの合格・不合格を計数値抜取検査によって判定する
場合, ロットを構成するアイテムを一部抜き取ったサンプル
を検査し, その ［ ア ］等で合格・不合格を決定することにな
る。この際, 満足な製品を不合格とする確率及び不満足な製
品を合格とする確率のバランスが重要となる。前者を ［ イ ］
といい, 後者を ［ ウ ］という。この2つの確率は抜取検査手
順を固定するとトレードオフの関係にあり, そのバランスは
合格判定個数で調整される。検査が一連のロットに対して行
われる場合には, 先行ロットの結果を利用して後続ロットの
抜取検査の厳しさを変更する ［ エ ］の切換えルールの設定な
どが行われる。

	ア	イ	ウ	エ
①	平均値	消費者危険	生産者危険	多回抜取検査
②	平均値	生産者危険	消費者危険	なみ検査ときつい検査
③	不適合品の数	消費者危険	生産者危険	多回抜取検査
④	不適合品の数	生産者危険	消費者危険	なみ検査ときつい検査
⑤	平均値	消費者危険	生産者危険	なみ検査ときつい検査

(平成28年度 I－1－2)

解説　解答④

（ア）**不適合品の数**,（イ）**生産者危険**,（ウ）**消費者危険**,
（エ）**なみ検査ときつい検査**の語句となり, ④が正解となり
ます。

合格のためのチェックポイント

「設計・計画に関するもの」は全カテゴリーの中でも比較的難易度が低い傾向にあるため，**過去問題を解くことで基本事項をきちんと押さえ，確実に3点を取る**ようにする。

●信頼性
直列と並列の信頼性の計算方法をマスターする
出題頻度が高い重要項目で，基本的にはシステム上の直列と並列の信頼性の計算方法を適用すれば，確実に得点につなげることが可能。

●コスト計算
設問に沿った正確な計算式を立てる
「信頼性」の計算より出題数が多い重要項目で，出題形式は，線形計画法による連立一次不等式を利用するもの，デシジョンツリーから読み取るものなどさまざまだが，設問に沿った正確な計算式さえ立てられれば解くことができる。

●設計理論
過去問題を中心に基本事項を整理する
"人に優しい設計"に関する問題を押さえる
出題範囲が幅広く絞り込みは難しいが，常識で判断できる内容も多いため，過去問題を中心に基本事項を整理しておけば対応できる。社会的な背景として，ユニバーサルデザインやバリアフリーなど，"人に優しい設計"に関する問題が出される傾向にあるので要チェック。

●品質管理
過去問題を中心に品質管理の基本用語を学習する
出題形式は，用語の説明を伴った穴埋め問題や用語と説明を結び付ける正誤問題が多いので，JISやISOシリーズなどと関連付けて，過去問題を中心に品質管理の基本用語をしっかりと理解しておくとよい。

第2章 基礎科目

情報・論理に関するもの

▆ 10進数と2進数

桁上がりの基準となる数を基数といいます。10進数では0〜9までの数字を使って、**10**になると桁が上がるので、基数は**10**です。2進数は0と1の数字を使って、**2**になると桁が上がるので、基数は**2**です。

▆ 10進数から2進数への変換

10進数から2進数への変換は、変換したい10進数を商が0になるまで2で除算し続けて、求めた**余り**を下から上へ並べることで求められます。例として、10進数48を2進数へ変換してみます。

```
2) 48
2) 24  …余り 0
2) 12  …余り 0
2)  6  …余り 0
2)  3  …余り 0
2)  1  …余り 1
    0  …余り 1    下から上へ
```

したがって、10進数48は、2進数**110000**となります。

▆ 2進数から10進数への変換

2進数から10進数への変換は、n桁の値にその桁の重み（2^{n-1}）を掛け、全桁分の値を**合計**することで求められます。例として、2進数1000101を10進数へ変換してみます。

$1\times2^6+0\times2^5+0\times2^4+0\times2^3+1\times2^2+0\times2^1+1\times2^0$

$=64+0+0+0+4+0+1=69$

したがって，2進数1000101は，10進数**69**となります。

■ 小数を含む10進数から2進数への変換

基礎科目

2

情報・論理に関するもの

小数を含む10進数を2進数で表すには，小数点より下の分について，2を掛けて1以上になったら**1**，ならなかったら**0**として計算を進めます。ただし，無限2進小数として計算が続くことがあるので，出題の際は，設問の指示に従ってください。例として，小数部5桁目以降は切り捨てを条件として，10進数0.65を2進数へ変換してみます。

$0.65 \times 2 = $**1**$ + 0.3$，$0.3 \times 2 = $**0**$ + 0.6$，$0.6 \times 2 = $**1**$ + 0.2$，
$0.2 \times 2 = $**0**$ + 0.4$，……

と続きますが，小数部5桁目以降は切り捨てという条件より，整数（太字）部分を並べて，**0.1010**となります。

■ 小数を含む2進数から10進数への変換

小数を含む2進数を10進数で表すには，小数点以下の各桁の値にその桁の重み（2^{-n}）を掛け，全桁分の値を**合計**することで求められます。例として，2進数0.0111を10進数へ変換してみます。

$2^{-1} \times 0 + 2^{-2} \times 1 + 2^{-3} \times 1 + 2^{-4} \times 1$

$= 0 + 0.25 + 0.125 + 0.0625 = 0.4375$

したがって，2進数0.0111は，10進数**0.4375**となります。

■ 2進数の桁上がり，小数点下がり

2進数は**2**倍すると桁上がりとなるので，以降の桁上がりは2^1（$=2$），2^2（$=4$），2^3（$=8$），…となります。一方，2^{-1}倍すると小数点下がりとなるので，以降の小数点下がりは2^{-1}（$=$**0.5**），2^{-2}（$=0.25$），2^{-3}（$=0.125$），…となります。

☑ 小数を含む10進数→2進数の変換は，小数点より下の分について，2を掛けて1以上になったら1，ならなかったら0として計算を進める

☑ 小数を含む2進数→10進数の変換は，小数点以下の各桁の値に桁の重み（2^{-n}）を掛け，全桁分を合計する

☑ 2進数は2倍で桁上がり，0.5倍で小数点下がりとなる

問1   重要度 ★★★

計算機内部では，数は0と1の組合せで表される。絶対値が2^{-126}以上2^{128}未満の実数を，符号部1文字，指数部8文字，仮数部23文字の合計32文字の0，1から成る単精度浮動小数表現として，以下の手続き (1)〜(4) によって変換する。

(1) 実数を，$0 \leq x < 1$であるxを用いて$\pm 2^{\alpha} \times (1+x)$の形に変形する。

(2) 符号部1文字を，符号が正（＋）のとき0，負（－）のとき1と定める。

(3) 指数部8文字を，$\alpha + 127$の値を2進数に直した文字列で定める。

(4) 仮数部23文字を，xの値を2進数に直したときの0, 1の列を小数点以下順に並べたもので定める。

例えば，-6.5を表現すると，$-6.5 = -2^2 \times (1+0.625)$であり，

符号部は，符号が負（－）なので1，

指数部は，2＋127＝129＝$(10000001)_2$より10000001，

仮数部は，$0.625＝\dfrac{1}{2}＋\dfrac{1}{2^3}＝(0.101)_2$より101000000000
00000000000である。

実数13.0をこの方式で表現したとき，最も適切なものは
どれか。

	符号部	指数部	仮数部
①	1	10000010	10100000000000000000000
②	1	10000001	10010000000000000000000
③	0	10000001	10010000000000000000000
④	0	10000001	10100000000000000000000
⑤	0	10000010	10100000000000000000000

（令和元年度（再試験）Ⅰ－2－4）

解説　解答⑤

浮動小数表現に関する計算問題です。

設問の例示の手順に従って，実数13.0を表現します。

$\alpha＝3$，$x＝0.625$となります。

$+13.0＝+2^3 \times (1+0.625)$ なので，符号部は符号が正
（＋）より**0**。

指数部は$3+127＝130＝(10000010)_2$より**10000010**。
10進数130を2進数に変換するには，130を0になるまで2で
割り算をして，余りの数を下位から上位の順に並べていきま
す。

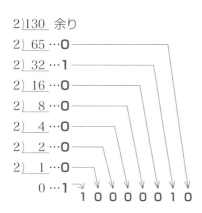

仮数部は，$0.625 = \dfrac{1}{2} + \dfrac{1}{2^3} = (0.101)_2$ より **101000000**

00000000000000 となります（設問の例示と同じ仮数をとるので，計算は不要です）。

したがって，⑤が正解となります。

問2　　　　　　　　　　　　　　　**重要度 ★★★**

基数変換に関する次の記述の，[　　　]に入る表記の組合せとして，最も適切なものはどれか。

私たちの日常生活では主に10進数で数を表現するが，コンピュータで数を表現する場合，「0」と「1」の数字で表す2進数や，「0」から「9」までの数字と「A」から「F」までの英字を使って表す16進数などが用いられる。10進数，2進数，16進数は相互に変換できる。例えば10進数の15.75は，2進数では $(1111.11)_2$，16進数では $(F.C)_{16}$ である。同様に10進数の11.5を2進数で表すと[　ア　]，16進数で表すと[　イ　]である。

	ア	イ
①	$(1011.1)_2$	$(B.8)_{16}$
②	$(1011.0)_2$	$(C.8)_{16}$
③	$(1011.1)_2$	$(B.5)_{16}$
④	$(1011.0)_2$	$(B.8)_{16}$
⑤	$(1011.1)_2$	$(C.5)_{16}$

(令和元年度 Ⅰ-2-1)

解説　解答①

基数変換に関する計算および穴埋め問題です。

小数点付きの10進数を2進数に変換するときには，整数部分と小数部分に分けて，それぞれ計算します。

整数部分11を2進数に変換すると，

11÷2＝5…余り**1**

5÷2＝2…余り**1**

2÷2＝1…余り**0**

1÷2＝0…余り**1**

より，余りを下から上に配置して，1011になります。

小数部分0.5を2進数に変換すると，

0.5×2＝1.0

より，1になります。

よって，10進数11.5は2進数$(1011.1)_2$で表されます。

10進数11は16進数では B，10進数0.5は16進数では8となります。

よって，10進数11.5は16進数$(B.8)_{16}$で表されます。

したがって，（ア）**$(1011.1)_2$**，（イ）**$(B.8)_{16}$**となり，①が正解となります。

数値計算誤差

コンピュータが数値計算を行う場合，ビット数（有効桁）が**有限**であるため，計算結果と**真の値**に誤差が生じることがあります。典型的な例として，$1 \div 3 = 0.333333\cdots$ などの循環小数などの計算が挙げられます。

丸め誤差

丸め誤差とは，設定された有効桁で計算を行う中で，**四捨五入**，**切り捨て**，**切り上げ**などによって生じる誤差です。

〔例〕

0.3456を「小数点4桁以降切り捨て」で丸めると，0.345となり，0.0006の誤差が生じます。

情報落ち

情報落ちとは，浮動小数点数の計算において，極端に桁が異なる値の加減算を行った場合に，その結果に**変化**がない現象をいいます。

〔例〕

$123.4567 - 0.000012$ の計算で有効桁数が小数点4桁で設定されていれば，0.000012の数値が無視されてしまいます。

桁落ち

桁落ちとは，浮動小数点数の計算において，値がほぼ等しい同士の計算を行った結果，有効数字が**減少**する現象をいいます。

〔例〕

　　0.456789－0.456788＝0.000001となり，有効数字が1
　　桁に減少します。

▶ 打ち切り誤差

　打ち切り誤差とは，浮動小数点数の計算において，有効桁
を**打ち切る**ことによって生じる現象をいいます。

〔例〕

　　2÷3＝0.666666…（循環小数）を「小数点4桁以降切
　　り捨て」で打ち切ると0.000666…の誤差が生じます。

▶ 絶対誤差

　絶対誤差とは，誤差の絶対値のことで，**近似値**と**真の値**の
差を絶対値で表したものです。

　絶対誤差＝|近似値－真の値|

▶ 相対誤差

　相対誤差とは，**絶対誤差**を**真の値**で割ったものです。真の
値に対する誤差の**割合**を表します。100倍して，誤差率とし
て％で表すこともあります。

　相対誤差＝絶対誤差÷真の値

▶ アンダーフロー

　アンダーフローとは，浮動小数点数の計算において，演算
の結果が扱える桁を下回ってしまうことをいいます。

▶ オーバーフロー

　オーバーフローとは，浮動小数点数の計算において，演算
の結果が扱える桁を超えてしまうことをいいます。

☑ 丸め誤差とは，四捨五入，切り捨て，切り上げなどによって生じる誤差

☑ 情報落ちとは，極端に桁が異なる値の加減算を行った場合に，その結果に変化がない現象

問1   重要度 ★★

コンピュータで数値計算を実施する場合に，誤差が生じることがある。いま，0.01をコンピュータ内部で表現した値を100回足したところ答えが1にはならなかった。プログラム自体に誤りは無いとすると，1にならなかった原因の誤差として最も適切なものはどれか。なお，コンピュータ内部では数値を2進数で扱っており，0.01は2進数では循環小数で表現するものとする。

① 桁落ち   ② 情報落ち   ③ オーバーフロー
④ アンダーフロー   ⑤ 丸め誤差

（平成27年度 Ⅰ-2-1）

▶解説   解答⑤

①〜④はいずれも**不適切**です。要点整理の説明を参照してください。

⑤ **適切**。100回足しても丸め誤差が蓄積されるだけなので1にはなりません。

したがって，⑤が正解となります。

問2 重要度 ★★★

演算と精度に関する記述として，最も適切なものはどれか。

① 浮動小数点の演算は，オーバーフローやアンダーフローが発生しないため，広く用いられている。

② 浮動小数点の演算において，有効桁数が失われる桁落ちの誤差は乗除算の際にのみ発生する。

③ 数値演算を固定小数点方式で行えば，誤差は発生しない。

④ 浮動小数点の演算では，単精度の演算で発生する丸め誤差を小さくするため，倍精度の演算が用いられることが多い。

⑤ 10進7桁の表現しか許されない場合，100000.0に0.01を加えても誤差は発生しない。

（平成24年度　Ⅰ－2－1）

解説　解答④

① **不適切**。許容桁数を超えればオーバーフローが発生します。

② **不適切**。加減算においても桁落ち誤差が生じます。

③ **不適切**。固定小数点方式でもオーバーフローやアンダーフローが発生するので，誤差は生じます。

④ **適切**。記述のとおりです。

⑤ **不適切**。0.01を加えると10進8桁となるので，丸め誤差が発生します。

したがって，④が正解となります。

■ビット

　ビットは，情報量の基本単位になります。コインの表裏の二者択一で，どちらかを特定するのに必要な情報量が1ビットに相当します。コンピュータが扱う情報の最小単位で，「0」または「1」で表されます。1ビットでは0か1の**2**（= 2^1）通り，2ビットでは00，01，10，11の**4**（= 2^2）通りの情報が表現でき，n ビットでは **2^n** 通りの情報を表すことができます。

■バイト

　バイトは，**8**ビットをまとめた情報量の単位です。8ビット＝1バイトとなります。1バイトで表現できる情報は，**256**（= 2^8）通りとなります。

　バイトは，その量によって，1Kバイト，1Mバイト，1Gバイト，…となりますが，一般的にコンピュータ分野では2進数による処理が基準となっているため，1Kバイトを1000（= 10^3）バイトではなく，**1024**（= 2^{10}）バイトの情報量として考えます。

■伝送時間

　伝送時間は，通信回線を用いてデータを伝送する際に必要となる時間のことで，次式で表されます。

　　伝送時間＝データ量／（**回線速度×回線利用率**）

■実効アクセス時間

　実効アクセス時間は，メインメモリ（主記憶）とキャッ

シュメモリ（キャッシュ）が両方搭載されているコンピュータで，キャッシュにヒットした場合と，ヒットしない場合のアクセスにかかる平均時間のことで，次式で表されます。

実効アクセス時間＝

（**キャッシュメモリ**のアクセス時間×**ヒット率**）＋

｛**主記憶装置**のアクセス時間×（1−**ヒット率**）｝

◤IPv4アドレス

IPアドレスは，ネットワーク上で通信相手を識別するための番号で，コンピュータ機器にはそれぞれ少なくとも1つのIPアドレスが割り当てられます。

IPv4アドレスのIPアドレスは，32ビットの2進数での組合せ（＝2^{32}通り）となり，32ビットを8ビットごとにピリオド（.）で区切り，4つのフィールドに分けて10進数で表記します。

◤IPv6アドレス

IPv6アドレスは，IPv4アドレスの不足に対処するために開発されたIPアドレスです。IPアドレスは，128ビットの2進数での組合せ（＝2^{128}通り）となり，128ビットを16ビットごとにコロン（：）で区切り，8つのフィールドに分けて16進数で表記します。

☑ nビットでは2^n通りの情報を表すことができる

☑ IPv4アドレスの表現数は2^{32}，IPv6アドレスの表現数は2^{128}

☑ 実効アクセス時間＝（キャッシュメモリのアクセス時間×ヒット率）＋｛主記憶装置のアクセス時間×（1－ヒット率）｝

問1   重要度 ★★★

　IPv4アドレスは32ビットを8ビットごとにピリオド（.）で区切り4つのフィールドに分けて，各フィールドの8ビットを10進数で表記する。一方IPv6アドレスは128ビットを16ビットごとにコロン（：）で区切り，8つのフィールドに分けて各フィールドの16ビットを16進数で表記する。IPv6アドレスで表現できるアドレス数はIPv4アドレスで表現できるアドレス数の何倍の値となるかを考えた場合，適切なものはどれか。

① 2^4倍　　② 2^{16}倍　　③ 2^{32}倍　　④ 2^{96}倍

⑤ 2^{128}倍　　　　　　　　　　　　　　（令和4年度　Ⅰ－2－6）

▶解説　**解答④**

　設問からIPv4アドレスは32ビット（4×8），IPv6アドレスは128ビット（8×16）であることがわかります。

$2^{128}/2^{32}=2^{128-32}=\mathbf{2^{96}}$

したがって，④が正解となります。

問2 重要度 ★★★

通信回線を用いてデータを伝送する際に必要となる時間を伝送時間と呼び，伝送時間を求めるには，次の計算式を用いる。

$$伝送時間 = \frac{データ量}{回線速度 \times 回線利用率}$$

ここで，回線速度は通信回線が1秒間に送ることができるデータ量で，回線利用率は回線容量のうちの実際のデータが伝送できる割合を表す。

データ量5Gバイトのデータを2分の1に圧縮し，回線速度が200Mbps，回線利用率が70％である通信回線を用いて伝送する場合の伝送時間に最も近い値はどれか。ただし，1Gバイト＝10^9バイトとし，bpsは回線速度の単位で，1Mbpsは1秒間に伝送できるデータ量が10^6ビットであることを表す。

① 286秒 ② 143秒 ③ 100秒 ④ 18秒
⑤ 13秒 **(令和3年度 Ⅰ－2－3)**

解説 解答②

伝送時間に関する計算問題です。

バイトは，8ビットをまとめた情報量の単位です。1バイト＝8ビットになります。

伝送時間＝$(5 \times 10^9 \times 50\% \times 8) / (200 \times 10^6 \times 70\%) \fallingdotseq$ 142.857

したがって，最も近い②が正解となります。

次の□□□に入る数値の組合せとして，最も適切なものはどれか。

　アクセス時間が50［ns］のキャッシュメモリとアクセス時間が450［ns］の主記憶からなる計算機システムがある。呼び出されたデータがキャッシュメモリに存在する確率をヒット率という。ヒット率が90％のとき，このシステムの実効アクセス時間として最も近い値は ア となり，主記憶だけの場合に比べて平均 イ 倍の速さで呼び出しができる。

	ア	イ
①	45 [ns]	2
②	60 [ns]	2
③	60 [ns]	5
④	90 [ns]	2
⑤	90 [ns]	5

（令和2年度　Ⅰ-2-6）

解説　解答⑤

　実効アクセス時間は，「キャッシュのアクセス時間×キャッシュのヒット率＋主記憶のアクセス時間×（1－キャッシュのヒット率）」で求められます。

　設問で与えられた値を代入すると，

　$50 \times 0.9 + 450 \times (1 - 0.9) = 45 + 45 = $ **90**となります。

　主記憶のアクセス時間は450［ns］なので，**5**倍の速さとなります。

　したがって，⑤が正解となります。

問4　　　　　　　　　　　　　　　重要度 ★★

B（バイト）はデータの大きさや記憶装置の容量を表す情報量の単位である。1KB（キロバイト）は10を基数とした表記では10^3（＝1000B），2を基数とした表記では2^{10}（＝1024B）の情報量を示し，この2つの記法が混在して使われている。10を基数とした表記で2TB（テラバイト）と表されるハードディスクの情報量の，2を基数とした場合の情報量として最も適切なものはどれか。なお，1TBの10を基数とした表記は10^{12}Bとし，2を基数とした表記は2^{40}Bとする。

① 1.8TB　　② 2.0TB　　③ 2.1TB

④ 2.2TB　　⑤ 2.3TB　　　　（平成27年度　Ⅰ-2-4）

解説　解答①

1KBは，10を基数とすると1KB＝10^3B＝1,000B，2と基数とすると1KB＝2^{10}B＝1,024Bで表されます。このように，10を基数とした表記では1,000を単位として桁上がりしますが，2を基本とした表記では1,024を単位として桁上がりします。例えば「1MB」と表されるハードディスクの容量は，10を基数とした表記では1MB×（1,000×1,000）＝1,000,000Bの情報量ですが，2を基数とした表記では1,000,000B÷（1,024×1,024）≒0.953674Bの情報量となります。以下，1GB，1TBにおいても，この流れと同様に「10を基数とする情報量」＞「2を基数とする情報量」となります。設問にある「10を基数とした表記で2TB」よりも小さい値を示しているのは，①の**1.8TB**のみとなります。

したがって，①が正解となります。

■ 論理演算

論理演算は，ある命題に対して，「真」(true) であれば
「**1**」，「偽」(false) であれば「**0**」という真偽値の出力を行
う演算です。コンピュータ内部での演算の基本となります。

基本的な論理演算には，**論理積**（AND），**論理和**（OR），
否定（NOT）があります。

■ 真理値表

真理値表は，論理演算の入出力のすべての組合せを表した
表です。

■ 論理積（A・B）

論理積は，両方の入力が「**真（1）**」であるときに出力が
「**真**」となり，それ以外は「**偽（0）**」となる演算です。表記
には，「**・**」を用います。

A	B	A・B
0	0	0
0	1	0
1	0	0
1	1	1

■ 論理和（A＋B）

論理和は，どちらかの入力が「**真**」であるときに出力が
「**真**」となり，すべての入力が「**偽**」であるときのみ「**偽**」

となる演算です。表記には，「＋」を用います。

A	B	A＋B
0	0	0
0	1	1
1	0	1
1	1	1

否定（$\overline{A}$）

否定は，入力に対して逆の出力をする演算です。表記には，「￣」を用います。

A	$\overline{A}$
0	1
1	0

論理演算の基本公式

論理演算の主な基本公式は，以下のとおりです。

①二重否定　　$\overline{\overline{A}}=A$

②交換則　　　$A \cdot B = B \cdot A$　　　$A + B = B + A$

③分配則　　　$A \cdot (B + C) = A \cdot B + A \cdot C$

　　　　　　　$A + (B \cdot C) = (A + B) \cdot (A + C)$

④結合則　　　$(A \cdot B) \cdot C = A \cdot (B \cdot C)$

　　　　　　　$(A + B) + C = A + (B + C)$

⑤吸収則　　　$A \cdot (A + B) = A$　　$A + A \cdot B = A$

⑥ド・モルガンの法則　　$\overline{A + B} = \overline{A} \cdot \overline{B}$　$\overline{A \cdot B} = \overline{A} + \overline{B}$

☑ 論理演算の基本公式を覚える

☑ ド・モルガンの法則

$$\overline{A+B}=\overline{A}\cdot\overline{B}$$

$$\overline{A\cdot B}=\overline{A}+\overline{B}$$

問1　　　　　　　　　　　　　　　　　　重要度 ★★★

次の論理式と等価な論理式はどれか。

$$\overline{A}\cdot\overline{B}+A\cdot B$$

ただし，論理式中の+は論理和，・は論理積を表し，論理変数Xに対して$\overline{X}$はXの否定を表す。2変数の論理和の否定は各変数の否定の論理積に等しく，2変数の論理積の否定は各変数の否定の論理和に等しい。また，論理変数Xの否定の否定は論理変数Xに等しい。

① $(A+B)\cdot(\overline{A+B})$

② $(A+B)\cdot(\overline{A}+\overline{B})$

③ $(A\cdot B)\cdot(\overline{A}\cdot\overline{B})$

④ $(A\cdot B)\cdot(\overline{A\cdot B})$

⑤ $(A+B)+(\overline{A}+\overline{B})$

（令和3年度　Ⅰ-2-2）

解説　解答②

ド・モルガンの法則である$\overline{A+B}=\overline{A}\cdot\overline{B}$（2変数の論理和の

否定は各変数の否定の論理積に等しい），$\overline{A \cdot B} = \overline{A} + \overline{B}$（2変数の論理積の否定は各変数の否定の論理和に等しい），さらに二重否定の法則である$\overline{\overline{A}} = A$を用います。

これにより，$\overline{\overline{A} \cdot \overline{B}} + \overline{A \cdot B} = (\overline{\overline{A} \cdot \overline{B}}) \cdot (\overline{A \cdot B}) = (\overline{\overline{A}} + \overline{\overline{B}}) \cdot (\overline{A} + \overline{B})$ $= (A + B) \cdot (\overline{A} + \overline{B})$ となり，②が正解となります。

問2　　　　　　　　　　　　　　　重要度 ★★★

下表に示す真理値表の演算結果と一致する論理式はどれか。

A	B	演算結果
0	0	1
0	1	1
1	0	1
1	1	0

ただし，論理式中の＋は論理和，・は論理積，$\overline{X}$はXの否定を表す。

① $A + B$　② $\overline{A} + \overline{B}$　③ $A \cdot B$

④ $\overline{A} \cdot \overline{B}$　⑤ $A \cdot \overline{B} + \overline{A} \cdot B$

（平成28年度　I−2−2）

解説　解答②

設問の真理値表の値を選択肢の論理式に当てはめます。

まずA＝0，B＝0を当てはめてみると，①，③，⑤がいずれも演算結果の1に一致しません。次に，残る②，④に対して，A＝0，B＝1を当てはめてみると，④が演算結果の1に一致しません。②はすべての真理値表の値と一致します。

したがって，②が正解となります。

▶ 公開鍵暗号方式

　公開鍵暗号方式は，暗号鍵と**復号鍵**という，対になっている2つの鍵を使う方式で，暗号鍵から復号鍵を推測することはできません。

　送信者は，受信者が公開した暗号鍵（**公開鍵**）によって暗号化し，受信者は，自分しか知らない復号鍵（**秘密鍵**）によって復号することになります。

▶ 共通鍵暗号方式

　暗号鍵と復号鍵が共通の暗号方式を**共通鍵暗号**方式といいますが，この暗号方式の場合，他人に暗号鍵が漏れないようにすることが必要です。

▶ デジタル署名

　デジタル署名（電子署名）は，なりすましの検出用として，デジタルデータにおいて，それが特定の筆者によるものであることを証明するために付加するもので，**公開鍵暗号**方式を応用して作成します。

　方法としては，あるデータに対するダイジェストを送信者の**秘密鍵**で暗号化し，そのデータの**平文**（暗号化していない文章）と暗号化したダイジェスト（デジタル署名）を並べて送信します。

　その人が暗号化したものかどうかを確かめるためには，デジタル署名をその人の公開鍵によって復号し，平文とハッシュ化したダイジェストが一致するかどうかを確認すればいいということになります。

ダイジェストを送信者の秘密鍵で暗号化したものがデジタル署名で，文書にデジタル署名とデジタル証明書を付加して送信するのが一般的です。

ダイジェスト

　データの送信者はあるプログラム（**ハッシュ関数**）を用いてダイジェストを生成し，そのダイジェストを自分の秘密鍵で暗号化します。この暗号化した**ダイジェスト**をデジタル署名といいます。

　デジタル署名を送信者の公開鍵で復号したダイジェストと受信したデータを送信者と同じ方法でハッシュ化したダイジェストを比較し，同一であれば改ざんされていないことを確認できます。

無線LAN

　無線LANは，ケーブルではなく，電波によってデータの送受信を行うLAN（Local Area Network：**構内通信網**）です。

WEP方式

　WEP（Wired Equivalent Privacy）方式は，無線LANの規格であるIEEE 802.11で採用されている暗号方式のことです。WEP方式は**共通鍵**暗号方式ですが，盗聴を完全に防ぐことができないなどさまざまな脆弱性が発見・報告されており，暗号化技術としてはすでに信頼性が低いといわれています。

　現在は，WEP方式の脆弱性を受けて開発されたWPA（Wi-Fi Protected Access），WPA2方式の採用が増えています。

▶ 脆弱性

　脆弱性とは，コンピュータのOSやソフトウェアにおいて，プログラムの不具合や設計上のミスが原因となって発生する情報セキュリティ上の**欠陥**のことをいい，**セキュリティホール**とも呼ばれます。

　OSやソフトウェアに脆弱性があると，Webページを閲覧したり，メールを送受信したりするだけで，**不正プログラム（ウイルス）**に感染する可能性があります。

　対策は，OSやソフトウェアなどの**アップデート**をすることなどですが，弱点が解消されない限り，攻撃にさらされる可能性があるといえます。

▶ 認証局

　認証局は，暗号化や**電子署名**に使用する公開鍵が，確かに当人のものであると保証するデジタル証明書を発行する**第三者**機関の役割を果たすものです。

　認証局は，役割の違いから**登録**局と**発行**局に分けられることがあります。

▶ パスワード

　パスワードは，本人確認のために，**ユーザID**とともに入力する文字列です。

　安全なパスワードの設定には，①名前などの個人情報から推測できない，②英単語などをそのまま使用しない，③アルファベットと数字が混在している，④適切な長さの文字列である，⑤推測されやすい文字列やその安易な組合せにしないといったことなどに配慮することが必要とされています。また，複数のサービスでパスワードを**使い回さない**こともセキュリティ対策では重要です。

SSL/TLS

SSL（Secure Socket Layer）/TLS（Transport Layer Security）は，インターネット上でデータを暗号化して送受信する仕組みです。**なりすまし，通信内容の盗聴，データの改ざん**といったリスクを防ぐことができます。

パリティ

パリティは，誤り検出符号の1つです。データビットの1のビットを数え上げて，これが偶数もしくは奇数となるように**パリティビット**を設定します。

偶数パリティの場合，1のビットが**偶数**個になるように設定し，奇数パリティの場合は，**奇数**個になるように設定します。

パリティチェック

パリティチェックは，送信側が送信データのビット列に1ビットの検査用ビット（パリティビット）を付加し，受信側が受信データとパリティビットを照合することで誤りを検出します。

パリティビットには，データのビット数について上限も下限もありません。また，パリティビットは偶数ビット数か奇数ビット数かを判別して伝送誤りを検出するため，パリティビットのみではどのビットが反転したか特定することはできず，2ビットのエラーがあった場合，伝送誤りを検出することができません。

☑ 公開鍵基盤における認証局の役目は，公開鍵の正当性を保証するデジタル証明書を発行すること

☑ 公開鍵暗号方式では，暗号鍵と対になっている秘密鍵を持っていないと復号して読むことができない

☑ パリティチェックでは，1ビットの反転は検出することができるが，2ビットの反転は検出することができない

問1   重要度 ★★★

　情報セキュリティと暗号技術に関する次の記述のうち，最も適切なものはどれか。

① 公開鍵暗号方式では，暗号化に公開鍵を使用し，復号に秘密鍵を使用する。

② 公開鍵基盤の仕組みでは，ユーザとその秘密鍵の結びつきを証明するため，第三者機関である認証局がそれらデータに対するディジタル署名を発行する。

③ スマートフォンがウイルスに感染したという報告はないため，スマートフォンにおけるウイルス対策は考えなくてもよい。

④ ディジタル署名方式では，ディジタル署名の生成には公開鍵を使用し，その検証には秘密鍵を使用する。

⑤ 現在，無線 LAN の利用においては，WEP（Wired Equivalent Privacy）方式を利用することが推奨されている。

（令和3年度　I－2－1）

解説 解答①

情報セキュリティに関する正誤問題です。

① **適切**。記述のとおりです。

② **不適切**。公開鍵基盤における認証局の役割は，公開鍵の正当性を保証するディジタル証明書を発行することです。

③ **不適切**。スマートフォンを標的としたウイルスも発見されており，パソコンと同様にセキュリティ対策が必要です。

④ **不適切**。ディジタル署名方式では，ディジタル署名の生成には秘密鍵を使用し，その検証には公開鍵を使用します。

⑤ **不適切**。WEP方式は脆弱性が指摘されており，利用は推奨されていません。

したがって，①が正解となります。

問2

重要度 ★★★

情報セキュリティに関する次の記述のうち，最も不適切なものはどれか。

① 外部からの不正アクセスや，個人情報の漏えいを防ぐために，ファイアウォール機能を利用することが望ましい。

② インターネットにおいて個人情報をやりとりする際には，SSL/TLS通信のように，暗号化された通信であるかを確認して利用することが望ましい。

③ ネットワーク接続機能を備えたIoT機器で常時使用しないものは，ネットワーク経由でのサイバー攻撃を防ぐために，使用終了後に電源をオフにすることが望ましい。

④ 複数のサービスでパスワードが必要な場合には，パスワードを忘れないように，同じパスワードを利用することが望ましい。

⑤ 無線LANへの接続では，アクセスポイントは自動的に接続される場合があるので，意図しないアクセスポイントに接続されていないことを確認することが望ましい。

（平成30年度　Ⅰ-2-1）

■ **解説**　解答④

情報セキュリティに関する正誤問題です。

①～③，⑤　**適切**。記述のとおりです。

④　**不適切**。パスワードは，複数のサービスで使い回さないようにすべきです。あるサービスから流出したアカウント情報を使って，他のサービスへの不正ログインが行われることがあります。

したがって，④が正解となります。

問3　　　　　　　　　　　　　　重要度 ★★★

データをネットワークで伝送する場合には，ノイズ等の原因で一部のビットが反転する伝送誤りが発生する可能性がある。伝送誤りを検出するために，データの末尾に1ビットの符号を付加して伝送する方法を考える。付加するビットの値は，元のデータの中の値が「1」のビット数が偶数であれば「0」，奇数であれば「1」とする。

例えば，元のデータが「1010100」という7ビットであるとき，値が「1」のビットは3個で奇数である。よって付加するビットは「1」であり，「10101001」という8ビットを伝

送する。

この伝送誤りの検出に関する次の記述のうち，最も適切なものはどれか。

① データの中の1ビットが反転したことを検出するためには，元のデータは8ビット以下でなければならない。

② データの中の1ビットが反転したことを検出するためには，元のデータは2ビット以上でなければならない。

③ 8ビットのデータの中の1ビットが反転した場合には，どのビットが反転したかを特定できる。

④ データの中の2ビットが反転した場合には，伝送誤りを検出できない。

⑤ データによっては付加するビットの値を決められないことがある。

（平成28年度　Ⅰ−2−5）

解説 解答④

偶数パリティを使ったパリティチェックに関する問題です。

① **不適切**。元データのビット数の上限はありません。

② **不適切**。元データが1ビットでも使用できます。

③ **不適切**。どのビットが反転したかを特定することはできません。

④ **適切**。パリティチェックでは1ビットの反転は検出できますが，2ビットの反転は検出できません。

⑤ **不適切**。元データのビット数は必ず偶数もしくは奇数になるので，付加するビットの値を決めることができます。

したがって，④が正解となります。

■ アルゴリズム

アルゴリズムは，問題解決のための手順を定式化した形で表現したものです。代表的な例としては，コンピュータのプログラムを作成するための**流れ図**（フローチャート）が挙げられます。

■ スタック

スタックはデータ構造の1つで，最後に入力したデータが先に出力されるという特徴を持っています。

スタックは，情報処理において重要なデータ構造であり，例えば，文書を作成（編集）する際に用いる「元に戻す」などの機能は，スタックを利用しているのが一般的です。**後入れ先出し**とも呼ばれます。

■ 構文図

構文図は，プログラムの流れをわかりやすく図にしたもので，概念を□，つながりの規則を→で表したものです。難しそうに見えますが，仕組みを覚えてしまえば意外と簡単です。

〔構文図の例〕

■ アローダイアグラム

アローダイアグラムは，**PERT**とも呼ばれ，プロジェクト

を構成している各作業を矢線で表し，作業間の先行関係に従って結合して，プロジェクトの開始と完了を表すノードを追加したネットワーク図です。その目的は，**クリティカルパス**の読み取りです。

アローダイアグラムは，**丸印**（イベント，ノード）同士を**矢線**（アクティビティ）で結んで記述します。作業に要する日数や時間を矢線の近くに記入します。並行作業がある場合には，ダミー作業として**点矢線**で表示します。ダミー作業は実体を持たない作業なので，要する日数や時間は「0」です。

〔アローダイアグラムの例〕

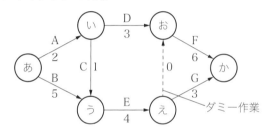

ダミー作業

クリティカルパス

クリティカルパスは，すべての経路のうち，作業工程上最も**時間がかかる**経路のことをいいます。工期はクリティカルパスによって定まるので，この経路上の作業は工程計画の重点管理の対象となります。クリティカルパス以外の作業を短縮しても，全体の工期の短縮にはなりません。

上の図のアローダイアグラムのクリティカルパスは，あ→う→え→お→かの経路となり，日数は15日となります。

☑アルゴリズムは，問題解決の手順を定式化して表現したもの

☑アローダイアグラムの目的は，クリティカルパスの読み取り

☑クリティカルパスは，作業工程において最も時間がかかる経路のことで，クリティカルパス以外の作業を短縮しても，全体の工期の短縮にはならない

問1   **重要度 ★★★**

　演算式において，＋，－，×，÷などの演算子を，演算の対象であるＡやＢなどの演算数の間に書く「Ａ＋Ｂ」のような記法を中置記法と呼ぶ。また，「ＡＢ＋」のように演算数の後に演算子を書く記法を逆ポーランド表記法と呼ぶ。中置記法で書かれる式「(Ａ＋Ｂ)×(Ｃ－Ｄ)」を下図のような構文木で表し，これを深さ優先順で，「左部分木，右部分木，節」の順に走査すると得られる「ＡＢ＋ＣＤ－×」は，この式の逆ポーランド表記法となっている。

　中置記法で「(Ａ＋Ｂ÷Ｃ)×(Ｄ－Ｆ)」と書かれた式を逆ポーランド表記法で表したとき，最も適切なものはどれか。

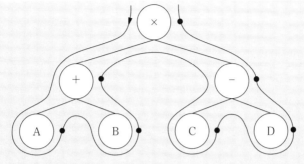

図 (A+B)×(C−D) を表す構文木。矢印の方向に走査し，ノードを上位に向かって走査するとき（●で示す）に記号を書き出す。

① ABC÷+DF−×

② AB+C÷DF−×

③ ABC÷+D×F−

④ ×+A÷BC−DF

⑤ AB+C÷D×F−

（令和3年度 Ⅰ−2−5）

解説 解答①

中置記法では1＋2のように数字演算子数字の順ですが，逆ポーランド表記法では12＋のように書きます。

逆ポーランド表記法では，まずカッコを1つの数字とみなして数字数字演算子に並べ替え，次にカッコを外して数字数字演算子に並べ替えを行います。また，＋と−の優先順位は同じ，×は＋と−より優先順位が高い，÷は×より優先順位が高いという演算子のルールがあります。

$(A+B÷C)×(D−F)$ →$(A+B÷C)(D−F)×$ → **ABC÷+DF−×**

したがって，①が正解となります。

次の[   ]に入る数値の組合せとして，最も適切なものは
どれか。

次の図は2進数 $(a_n\ a_{n-1}\cdots a_2\ a_1\ a_0)_2$ を10進数 s に変換す
るアルゴリズムの流れ図である。ただし，n は0又は正の
整数であり，$a_i \in \{0,1\}$ $(i=0,1,...,n)$ である。

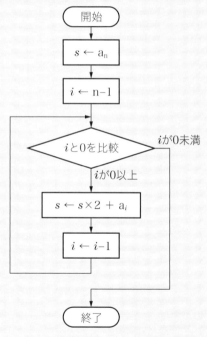

図　s を求めるアルゴリズムの流れ図

このアルゴリズムを用いて2進数 $(1101)_2$ を10進数に変
換すると，s には初め1が代入され，その後順に3，6と更
新され，最後に s には13が代入されて終了する。このよう

にsが更新される過程を，

$$1 \rightarrow 3 \rightarrow 6 \rightarrow 13$$

と表すことにする。同様に，2進数 $(11010101)_2$ を10進数に変換すると，sは次のように更新される。

$$1 \rightarrow 3 \rightarrow 6 \rightarrow 13 \rightarrow \boxed{ \ \text{ア} \ } \rightarrow \boxed{ \ \text{イ} \ }$$
$$\rightarrow \boxed{ \ \text{ウ} \ } \rightarrow 213$$

	ア	イ	ウ
①	25	52	105
②	25	52	106
③	26	52	105
④	26	53	105
⑤	26	53	106

（令和2年度　Ⅰ−2−5）

解説　**解答⑤**

アルゴリズムに関する問題です。

設問の流れ図に従ってアルゴリズムを進めるとi, a_i, sはそれぞれ以下のようになります。

〔0回目〕7, 1, 1
〔1回目〕6, 1, 3
〔2回目〕5, 0, 6
〔3回目〕4, 1, 13
〔4回目〕3, 0, 26
〔5回目〕2, 1, 53
〔6回目〕1, 0, 106
〔7回目〕0, 1, 213

したがって，（ア）**26**，（イ）**53**，（ウ）**106**となり，⑤が正解となります。

次の表現形式で表現することができる数値として，最も不適切なものはどれか。

数値	::＝整数｜小数｜整数 小数
小数	::＝小数点 数字列
整数	::＝数字列｜符号 数字列
数字列	::＝数字｜数字列 数字
符号	::＝＋｜－
小数点	::＝.
数字	::＝0｜1｜2｜3｜4｜5｜6｜7｜8｜9

ただし，上記表現形式において，::＝は定義を表し，｜はORを示す。

① －19.1　　② .52　　③ －.37

④ 4.35　　⑤ －125

（令和元年度　Ⅰ－2－4）

解説 解答③

数値の表現に関する問題です。

① **適切**。－19.1は，数値（整数 小数）→整数（符号 数字列）→小数（小数点 数字列）で表現できます。

② **適切**。.52は，数値（小数）→小数（小数点 数字列）で表現できます。

③ **不適切**。－.37は，数値（小数）→小数（小数点 数字列）以降，小数点の前に符号を加えるルールがないので表現できません。

④ **適切**。4.35は，数値（整数 小数）→整数（数字列）→小数（小数点 数字列）で表現できます。

⑤ **適切**。-125は，数値（整数）→整数（符号 数字列）
で表現できます。

したがって，③が正解となります。

問4   重要度 ★★★

スタックとは，次に取り出されるデータ要素が最も新しく
記憶されたものであるようなデータ構造で，後入れ先出しと
も呼ばれている。スタックに対する基本操作を次のように定
義する。

・「PUSH n」スタックに整数データnを挿入する。

・「POP」スタックから整数データを取り出す。

空のスタックに対し，次の操作を行った。

PUSH 1, PUSH 2, PUSH 3, PUSH 4, POP, POP,
PUSH 5, POP, POP

このとき，最後に取り出される整数データとして，最も適
切なものはどれか。

① 1   ② 2   ③ 3   ④ 4   ⑤ 5

（令和元年度 Ⅰ-2-6）

解説 解答②

操作を順を追って解説します。【 】内はスタックの状態
を表します。

PUSH 1【1】→PUSH 2【12】→PUSH 3【123】→PUSH 4
【1234】→POP【123】→POP【12】→PUSH5【125】→POP
【12】→POP【1】となります。

したがって，最後の操作で【12】→【1】となっているので，
2が取り出される整数データとなり，②が正解となります。

問5 重要度 ★★★

次の構文図が与えられたとき，この構文図で表現できる文字列として誤っているものはどれか。ただし，英字はa，b，…，zのいずれか，数字は0，1，…，9のいずれかである。

① a2b3c ② x98y ③ w ④ p5q
⑤ abc45fg

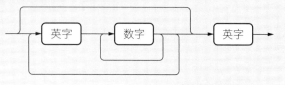

（平成26年度 Ⅰ－2－5）

解説 解答⑤

構文図に照らし合わせて解答します。

① **正しい**。英→数→英→数→英。
② **正しい**。英→数→数→英。
③ **正しい**。英。
④ **正しい**。英→数→英。
⑤ **誤り**。英→×英。英字が1字の場合を除き，英字の次は数字がこなければなりません。

したがって，⑤が正解となります。

問6 重要度 ★★★

ある日の天気が前日の天気によってのみ，下図に示される確率で決まるものとする。このとき，次の記述のうち最も不適切なものはどれか。

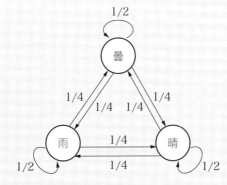

① ある日の天気が雨であれば，2日後の天気も雨である
   確率は3/8である。
② ある日の天気が晴であれば，2日後の天気が雨である
   確率は5/16である。
③ ある日の天気が曇であれば，2日後の天気も曇である
   確率は3/8である。
④ ある日の天気が曇であれば，2日後の天気が晴である
   確率は3/16である。
⑤ ある日の天気が雨であった場合，遠い将来の日の天気
   が雨である確率は1/3である。

（平成28年度　Ⅰ－2－1）

解説　解答④

　設問の図の対称性から，晴，曇，雨のいずれの状態であっ
ても推移する確率は同じということが判断できます。このこ
とから，選択肢の中で状態の遷移条件（2日後の天気が異な
るという遷移条件）が同じであるにもかかわらず，その確率
が選択肢②と④で異なっています。そこで，②と④のどちら
かのみを検討すればいいことになります。

②を例に挙げた場合，「晴→晴→雨」，「晴→曇→雨」，「晴→雨→雨」の組合せの各確率を合計すると，1/8＋1/16＋1/8＝5/16となります。②は正しいことが証明されたので，④が誤りとなります。

したがって，④が正解となります。

問7　　　　　　　　　　　　　　　　　重要度 ★★★

設計開発プロジェクトの作業リストが下表のように示されている。下図は，この表から作成したアローダイアグラムである。表に示されているように，各作業（AからG）は，終了されていなければならない先行作業のあるものがある。また，追加費用を投じることによって，作業日数を1日短縮することができる作業もある。このプロジェクトの最早完了日数を1日短縮する最も安価な方法を選択したい。その場合の追加費用を支払い，作業日数を1日短縮すべき作業はどれか。

作業リストと作業日数を1日短縮するために必要な費用

作業名	作業日数	先行作業	追加費用（万円）
A	1	—	—
B	4	—	45
C	1	A	—
D	2	A	15
E	4	B, C	50
F	5	D, E	40
G	3	E	30

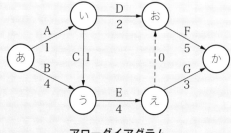

アローダイアグラム

① 作業B　② 作業D　③ 作業E　④ 作業F
⑤ 作業G

（平成25年度　I-1-4）

┏ 解説　解答④

　アローダイアグラムを用いてクリティカルパス（作業工程上で最も時間がかかる経路）を読み取り，1日の作業短縮を行う上で，最も追加費用が安価なものを選びます。設問のアローダイアグラムから読み取れるクリティカルパスは，「あ→う→え→お→か」の経路で，その日数は4＋4＋0＋5＝13日です。この経路上にある作業B，E，Fのうち，追加費用が最も安価な作業を選びます。設問の表より，作業**F**（40万円）が最も安価になります。

　したがって，④が正解となります。

合格のためのチェックポイント

「情報・論理に関するもの」は全カテゴリーの中で普通程度の
レベル。類似問題の出題率が比較的高いので，**過去問題をこ
なして解き方に慣れることで，確実な得点源とする。**

●基数変換
2進法⇔10進法など，変換方法をマスターする

出題頻度の高い重要項目で，過去の出題では小数の基数変換が中心
になっている点に注意。2進法から10進法への変換，10進法から2進
法への変換など，変換方法を習得すれば確実に得点できる。

●情報量の計算
"1ビットで表現できる情報量は「0」と「1」で2通り，
nビットで表現できる情報は2^n通りとなる"

「基数変換」と同様に出題頻度の高い重要項目。出題形式は年度に
より異なるが，その多くは設問に沿った正確な計算式を立て，かつ
単位を揃えること（1バイト→ 8ビットなど）に注意すれば比較的や
さしい項目といえる。

●情報ネットワーク
常識的な範囲で解答可能な設問なら選択候補とする

ほぼ毎年1～2問程度出題されるが難易度は年度によりまちまち。常
識的な範囲で解答可能な設問の場合のみ選択し，専門性が高いと思
われる設問に対しては，あえて手を出さないことも視野に入れておく。

●アルゴリズム
与えられた条件下で，落ち着いて手順をたどる

毎年1問から数問程度出題のある重要項目。一見すると複雑な式を
必要とするように思えるが，設問で与えられた条件をもとに，落ち
着いて手順に沿って進めていくのがポイント。流れ図や構文図，決
定表などでも同様に対処するようにする。図や表に起こすことで解答
が得られる場合もあるので，図や表を適宜作成できるようにしておく。

第**3**章 基礎科目

解析に
関するもの

導関数

関数 $f(x)$ を微分して得られる導関数 $f(x)$ は次式で定義されます。

$$f'(x) = \lim_{h \to 0} \frac{f(x+h) - f(x)}{h}$$

導関数の公式

$$f(x) = x^n \quad \rightarrow \quad f'(x) = \boldsymbol{nx^{n-1}}$$

〔例〕

$$f(x) = x^4 \quad \rightarrow \quad f'(x) = 4x^3$$

$$f(x) = ax^n \quad \rightarrow \quad f'(x) = \boldsymbol{anx^{n-1}} \quad (a は定数)$$

〔例〕

$$f(x) = 4x^3 \quad \rightarrow \quad f'(x) = 12x^2$$

偏微分

偏微分は，変数が複数ある場合に，1つの変数以外は定数であるとみなして扱う微分です。

〔例〕

$$f(x,y) = x^2 + 6xy + 5y^2 + 48 のとき,$$

x に関する偏微分は， $\dfrac{\partial f(x,y)}{\partial x} = 2x + 6y$

y に関する偏微分は， $\dfrac{\partial f(x,y)}{\partial y} = 10y + 6x$

📌 積分の公式

$$\int f(x)\,dx = \frac{x^{n+1}}{n+1} + C \quad (n \geqq 0,\ C\text{は積分定数})$$

〔例〕

$$f(x) = x^4 \quad \rightarrow \quad \int x^4 dx = \frac{x^5}{5} + C$$

📌 定積分の公式

定積分とは，記号 $\int$ の上部と下部に，範囲を示す値が書かれたものを積分することです。

$f(x)$ の不定積分の1つを $F(x)$ とすると，定積分は次式で定義されます。

$$\int_a^b f(x)\,dx = \Big[F(x)\Big]_a^b = F(b) - F(a)$$

〔例〕

$$\int_1^3 x^2 dx = \left[\frac{x^3}{3}\right]_1^3 = \frac{27}{3} - \frac{1}{3} = \frac{26}{3}$$

📌 2変数の重積分の計算

x と y の2変数の重積分の計算を行う場合には，まず y を定数とみなして x で積分を行い，その後に y で積分を行います。

〔例〕

$$\int_0^1 \int_0^2 (x+y)\,dxdy = \int_0^1 \left[\frac{1}{2}x^2 + xy\right]_0^2 dy$$

$$= \int_0^1 (2+2y)\,dy = \Big[2y + y^2\Big]_0^1 = 2 + 1 = 3$$

☑ $f(x) = x^n \rightarrow f'(x) = nx^{n-1}$

☑ $f(x) = ax^n \rightarrow f'(x) = anx^{n-1}$（$a$は定数）

☑ $\int f(x)dx = \dfrac{x^{n+1}}{n+1} + C$（$n \geqq 0$，$C$は積分定数）

問1 　　　　　　　　　　　　　　　　　　　**重要度 ★★★**

$x = x_i$における導関数$\dfrac{df}{dx}$の差分表現として，誤っている

ものはどれか。ただし，添え字iは格子点を表すインデックス，格子幅をΔとする。

① $\dfrac{f_{i+1} - f_i}{\Delta}$

② $\dfrac{3f_i - 4f_{i-1} + f_{i-2}}{2\Delta}$

③ $\dfrac{f_{i+1} - f_{i-1}}{2\Delta}$

④ $\dfrac{f_{i+1} - 2f_i + f_{i-1}}{\Delta^2}$

⑤ $\dfrac{f_i - f_{i-1}}{\Delta}$

（令和4年度　I－3－1）

解説　解答④

導関数に関する問題です。

$f_i = i$ とすると，$f_{i+1} - f_i = f_i - f_{i-1} = f_{i-1} - f_{i-2} = \Delta$ となります。差分表現とするので，$f_i = i$ の傾きが1となるものが正しいものとなります。

① **正しい**。$\dfrac{f_{i+1} - f_i}{\Delta} = \dfrac{\Delta}{\Delta} = 1$

② **正しい**。$\dfrac{3f_i - 4f_{i-1} + f_{i-2}}{2\Delta} = \dfrac{3(f_i - f_{i-1}) - (f_{i-1} - f_{i-2})}{2\Delta}$

$$= \dfrac{3\Delta - \Delta}{2\Delta} = \dfrac{2\Delta}{2\Delta} = 1$$

③ **正しい**。$\dfrac{f_{i+1} - f_{i-1}}{2\Delta} = \dfrac{f_{i+1} - f_i + f_i - f_{i-1}}{2\Delta} = \dfrac{2\Delta}{2\Delta} = 1$

④ **誤り**。$\dfrac{f_{i+1} - 2f_i + f_{i-1}}{\Delta^2} = \dfrac{f_{i+1} - f_i - (f_i - f_{i-1})}{\Delta^2}$

$$= \dfrac{\Delta - \Delta}{\Delta^2} = 0$$

⑤ **正しい**。$\dfrac{f_i - f_{i-1}}{\Delta} = \dfrac{\Delta}{\Delta} = 1$

したがって，④が正解となります。

問2　　　　　　　　　　　　　　　　　　重要度 ★★

3次関数 $f(x) = ax^3 + bx^2 + cx + d$ があり，a，b，c，d は任意の実数とする。積分 $\displaystyle\int_{-1}^{1} f(x)\,dx$ として恒等的に正しいものはどれか。

① $2f(0)$

② $f\left(-\sqrt{\dfrac{1}{3}}\right)+f\left(\sqrt{\dfrac{1}{3}}\right)$

③ $f(-1)+f(1)$

④ $\dfrac{f\left(-\sqrt{\dfrac{3}{5}}\right)}{2}+\dfrac{8f(0)}{9}+\dfrac{f\left(\sqrt{\dfrac{3}{5}}\right)}{2}$

⑤ $\dfrac{f(-1)}{2}+f(0)+\dfrac{f(1)}{2}$

（令和3年度　I−3−2）

解説　解答②

積分に関する計算問題です。

$f(x)=ax^3+bx^2+cx+d$なので，

積分$\displaystyle\int_{-1}^{1}f(x)\,dx=[ax^4/4+bx^3/3+cx^2/2+dx]_{-1}^{1}$

$$=(a/4+b/3+c/2+d)$$
$$-(a/4-b/3+c/2-d)$$
$$=2b/3+2d$$

また，選択肢①〜⑤の数字を$f(x)$に代入すると，

① $2f(0)=2\times(0+0+0+d)=2d$

② 3乗項と1乗項がプラスマイナスで0となるので，

$$f\left(-\sqrt{\dfrac{1}{3}}\right)+f\left(\sqrt{\dfrac{1}{3}}\right)=\left(-\sqrt{\dfrac{1}{3}}\,a/3+b/3-\sqrt{\dfrac{1}{3}}\,c+d\right)$$

$$+\left(\sqrt{\dfrac{1}{3}}\,a/3+b/3+\sqrt{\dfrac{1}{3}}\,c+d\right)$$

$$=2b/3+2d$$

③ $f(-1) + f(1) = (-a+b-c+d) + (a+b+c+d)$
$$= 2b+2d$$

④ $\dfrac{f\left(-\sqrt{\dfrac{3}{5}}\right)}{2} + \dfrac{8f(0)}{9} + \dfrac{f\left(\sqrt{\dfrac{3}{5}}\right)}{2}$

$$= \left(-3\sqrt{\dfrac{3}{5}}\,a/5 + 3b/5 - \sqrt{\dfrac{3}{5}}\,c+d\right)/2$$

$$+ 8 \times (0+0+0+d)/9$$

$$+ \left(3\sqrt{\dfrac{3}{5}}\,a/5 + 3b/5 + \sqrt{\dfrac{3}{5}}\,c+d\right)/2$$

$$= 3b/5 + 17d/9$$

⑤ $\dfrac{f(-1)}{2} + f(0) + \dfrac{f(1)}{2}$

$$= (-a+b-c+d)/2 + (0+0+0+d)$$
$$+ (a+b+c+d)/2 = b+2d$$

したがって，②が正解となります。

問3   重要度 ★★★

導関数 $\dfrac{d^2u}{dx^2}$ の点 x_i における差分表現として，最も適切な

ものはどれか。ただし，添え字 i は格子点を表すインデック

ス，格子幅を h とする。

① $\dfrac{u_{i+1} - u_i}{h}$

② $\dfrac{u_{i+1} + u_i}{h}$

③ $\dfrac{u_{i+1}-2u_i+u_{i-1}}{2h}$

④ $\dfrac{u_{i+1}+2u_i+u_{i-1}}{h^2}$

⑤ $\dfrac{u_{i+1}-2u_i+u_{i-1}}{h^2}$

（平成29年度　Ⅰ-3-1）

解説 解答⑤

$\dfrac{du}{dx}$ の差分表現は $\dfrac{u_{i+1}-u_i}{h}$ なので，

$$\dfrac{d^2u}{dx^2}=\dfrac{d}{dx}\left(\dfrac{du}{dx}\right)=\dfrac{d}{dx}\left(\dfrac{u_{i+1}-u_i}{h}\right)$$

$$=\dfrac{(u_{i+2}-u_{i+1})-(u_{i+1}-u_i)}{h^2}$$

$$=\dfrac{u_{i+2}-2u_{i+1}+u_i}{h^2}$$

添え字 i を選択肢に合うように，$i-1$ とおけば，$\dfrac{d^2u}{dx^2}=$ $\dfrac{u_{i+1}-2u_i+u_{i-1}}{h^2}$ となります。

したがって，⑤が正解となります。

問4
重要度 ★★

x–y 平面上において，直線 $x=0$，$y=0$，$x+y=a$（ただし，$a>0$ とする）で囲まれる領域を S とするとき，2変数関数 $f(x, y)$ の S における重積分は以下のように表される。

$$\iint_S f(x, y)\,dxdy = \int_0^a \left\{ \int_0^{a-y} f(x, y)\,dx \right\} dy$$

$f(x, y) = x + y$ 及び $a = 2$ であるとき，重積分 $\iint_S f(x, y)$

$dxdy$ の値はどれか。

① $\dfrac{3}{8}$ ② $\dfrac{1}{2}$ ③ 1 ④ 2 ⑤ $\dfrac{8}{3}$

（平成28年度　Ⅰ－3－4）

解説 解答⑤

重積分に関する計算問題です。

$f(x, y) = x + y$，$a = 2$ を代入します。

$$\int_0^2 \left\{ \int_0^{2-y} (x+y)\,dx \right\} dy = \int_0^2 \left\{ \left[\frac{1}{2}x^2 + xy \right]_0^{2-y} \right\} dy$$

$$= \int_0^2 \left\{ \frac{1}{2}(2-y)^2 + (2-y)y \right\} dy$$

$$= \int_0^2 \left[-\frac{1}{2}y^2 + 2 \right] dy$$

$$= \left[-\frac{1}{6}y^3 + 2y \right]_0^2$$

$$= -\frac{8}{6} + 4 = \frac{16}{6} = \boldsymbol{\frac{8}{3}}$$

したがって，⑤が正解となります。

▶ 行列

行列（マトリックス）は，数字の集まりを縦と横に順序よく並べたものです。行をm個，列をn個持つ行列は，m行n列の行列，**$m×n$次の行列**といいます。行列を構成する要素を**成分**といいます。また，mとnの次数が同じ行列を**正方行列**といいます。

▶ 行列の和，積

$A=\begin{bmatrix} a & b \\ c & d \end{bmatrix}$，$B=\begin{bmatrix} p & q \\ r & s \end{bmatrix}$とすると，

$$A+B=B+A=\begin{bmatrix} a+p & b+q \\ c+r & d+s \end{bmatrix}$$

$$A×B=\begin{bmatrix} ap+br & aq+bs \\ cp+dr & cq+ds \end{bmatrix}$$

▶ 単位行列

正方行列のうち，主対角線上の成分（行番号と列番号が同じもの）がすべて1で，他の成分が0となる行列を**単位行列**といい，**E**で表します。

〔例〕2行2列の単位行列

$$E=\begin{bmatrix} 1 & 0 \\ 0 & 1 \end{bmatrix}$$

▶ 逆行列

正方行列Aに対して，$AB=BA=E$を満たす行列BをAの**逆行列**といい，**A^{-1}**で表します。

次に示す2行2列の逆行列は，公式として覚えるとよいで
しょう。

$A = \begin{bmatrix} a & b \\ c & d \end{bmatrix}$ とすると，

$A^{-1} = \dfrac{1}{ad-bc} \begin{bmatrix} d & -b \\ -c & a \end{bmatrix}$

■ ヤコビ行列

座標 (x,y) と変数 u，v の間に，$x = x\,(u,v)$，$y = y\,(u,v)$
の関係があるとき，関数 $f\,(x,y)$ の x，y による偏微分と u，
v による偏微分は，次式によって関連付けられます。

$$\begin{bmatrix} \dfrac{\partial f}{\partial u} \\ \dfrac{\partial f}{\partial v} \end{bmatrix} = [J] \begin{bmatrix} \dfrac{\partial f}{\partial x} \\ \dfrac{\partial f}{\partial y} \end{bmatrix}$$

この $[J]$ を**ヤコビ行列**といいます。
ヤコビ行列の行列式を**ヤコビアン**といいます。

■ 行列式

行列式は，正方行列において定義される量で，正方行列で
ない場合は行列式を考えません。2行2列の行列式は，次の
とおりです。

$$\begin{bmatrix} a & b \\ c & d \end{bmatrix} = ad - bc$$

☑行列 A の逆行列 A^{-1} は，

$$A^{-1} = \frac{1}{ad-bc} \begin{bmatrix} d & -b \\ -c & a \end{bmatrix}$$

☑2行2列の行列式は，

$$\begin{bmatrix} a & b \\ c & d \end{bmatrix} = ad-bc$$

問1 　　　　　　　　　　　　　　　　**重要度 ★★★**

座標 (x, y) と変数 r, s の間には，次の関係があるとする。

$x = g(r, s)$

$y = h(r, s)$

このとき，関数 $z = f(x, y)$ の x, y による偏微分と r, s による偏微分は，次式によって関連付けられる。

$$\begin{bmatrix} \dfrac{\partial z}{\partial r} \\ \dfrac{\partial z}{\partial s} \end{bmatrix} = [J] \begin{bmatrix} \dfrac{\partial z}{\partial x} \\ \dfrac{\partial z}{\partial y} \end{bmatrix}$$

ここに $[J]$ はヤコビ行列と呼ばれる2行2列の行列である。$[J]$ の行列式として，最も適切なものはどれか。

① $\dfrac{\partial x}{\partial r} \dfrac{\partial x}{\partial s} + \dfrac{\partial y}{\partial r} \dfrac{\partial y}{\partial s}$

② $\dfrac{\partial x}{\partial r} \dfrac{\partial x}{\partial s} - \dfrac{\partial y}{\partial r} \dfrac{\partial y}{\partial s}$

③ $\dfrac{\partial y}{\partial r}\dfrac{\partial y}{\partial s} - \dfrac{\partial x}{\partial r}\dfrac{\partial x}{\partial s}$

④ $\dfrac{\partial x}{\partial r}\dfrac{\partial y}{\partial s} + \dfrac{\partial y}{\partial r}\dfrac{\partial x}{\partial s}$

⑤ $\dfrac{\partial x}{\partial r}\dfrac{\partial y}{\partial s} - \dfrac{\partial y}{\partial r}\dfrac{\partial x}{\partial s}$

（令和元年度　I－3－2）

解説 **解答⑤**

関数 $z = f(x, y) = f\{x(r, s), y(r, s)\}$ を偏微分すると，

$$\frac{\partial z}{\partial r} = \frac{\partial z}{\partial x}\frac{\partial x}{\partial r} + \frac{\partial z}{\partial y}\frac{\partial y}{\partial r}$$

$$\frac{\partial z}{\partial s} = \frac{\partial z}{\partial x}\frac{\partial x}{\partial s} + \frac{\partial z}{\partial y}\frac{\partial y}{\partial s}$$

となります。

これを行列で表現すると，

$$\begin{bmatrix} \dfrac{\partial z}{\partial r} \\ \dfrac{\partial z}{\partial s} \end{bmatrix} = \begin{bmatrix} \dfrac{\partial x}{\partial r} & \dfrac{\partial y}{\partial r} \\ \dfrac{\partial x}{\partial s} & \dfrac{\partial y}{\partial s} \end{bmatrix} \begin{bmatrix} \dfrac{\partial z}{\partial x} \\ \dfrac{\partial z}{\partial y} \end{bmatrix}$$ となります。

よって，ヤコビ行列 $[J] = \begin{bmatrix} \dfrac{\partial x}{\partial r} & \dfrac{\partial y}{\partial r} \\ \dfrac{\partial x}{\partial s} & \dfrac{\partial y}{\partial s} \end{bmatrix}$

$[J]$ の行列式 $= \dfrac{\partial x}{\partial r}\dfrac{\partial y}{\partial s} - \dfrac{\partial y}{\partial r}\dfrac{\partial x}{\partial s}$

となります。

したがって，⑤が正解となります。

　2次元の領域Dにおける2重積分Iの変数をx, yから変数u, vに変換する。領域Dが領域D'に変換されるならば，次のようになる。

$$I=\iint_{D}f(x,y)\,dxdy=\iint_{D'}f(u,v)Jdudv$$

ここで，Jはヤコビアンである。

$\begin{cases}x=u+v\\y=uv\end{cases}$ と変換したとき，ヤコビアンJとして正しいものはどれか。

① 　1

② 　$u+v$

③ 　$u-v$

④ 　$1+uv$

⑤ 　$1-uv$

（平成28年度　I－3－2）

解説　**解答③**

　2変数関数が2組なので，ヤコビ行列のサイズは2行2列です。

$$J_f=D_x f=\frac{\partial f(x,y)}{\partial f(u,v)}=\begin{vmatrix}\dfrac{\partial x}{\partial u}&\dfrac{\partial x}{\partial v}\\\dfrac{\partial y}{\partial u}&\dfrac{\partial y}{\partial v}\end{vmatrix}=\frac{\partial x}{\partial u}\cdot\frac{\partial y}{\partial v}-\frac{\partial x}{\partial v}\cdot\frac{\partial y}{\partial u}$$

ここで，$x=u+v$，$y=uv$とおくと，

$$\frac{\partial x}{\partial u}=\frac{\partial(u+v)}{\partial u}=1$$

$$\frac{\partial y}{\partial v} = \frac{\partial (uv)}{\partial v} = u$$

$$\frac{\partial x}{\partial v} = \frac{\partial (u+v)}{\partial v} = 1$$

$$\frac{\partial y}{\partial u} = \frac{\partial (uv)}{\partial u} = v$$

$$J = 1u - 1v = \boldsymbol{u - v}$$

したがって，③が正解となります。

問3 重要度 ★★★

行列 $A = \begin{bmatrix} a & b \\ c & d \end{bmatrix}$ の逆行列が存在する場合，その逆行列として正しいものはどれか。

① $\dfrac{1}{ad+bc} \begin{bmatrix} d & -b \\ -c & a \end{bmatrix}$　② $\dfrac{1}{ad+bc} \begin{bmatrix} d & -c \\ -b & a \end{bmatrix}$

③ $\dfrac{1}{ad+bc} \begin{bmatrix} d & b \\ c & a \end{bmatrix}$　④ $\dfrac{1}{ad-bc} \begin{bmatrix} d & b \\ c & a \end{bmatrix}$

⑤ $\dfrac{1}{ad-bc} \begin{bmatrix} d & -b \\ -c & a \end{bmatrix}$

（平成25年度　Ⅰ-3-4）

解説　解答⑤

4元連立方程式を用いて計算して求めることもできますが，2行2列の逆行列の公式を使います。

行列 A の逆行列 $A^{-1} = \dfrac{1}{ad-bc} \begin{bmatrix} d & -b \\ -c & a \end{bmatrix}$ となります。

したがって，⑤が正解となります。

■ 応力

応力は，材料が荷重を受けたときに，材料に生じる**単位面積**当たりの力のことです。単位は，Pa，N/m²が用いられます。荷重を初期の断面積で割った応力を**公称応力**，変形中の断面積で割った応力を**真応力**といいます。

$\sigma = P/A$

σ：応力，P：荷重，A：断面積

■ ひずみ

ひずみは，**単位長さ**当たりの変形量のことです。単位は，無次元量なので存在しません。変形量を初期の長さで割ったひずみを**公称ひずみ**，変形中の長さで割ったひずみを**真ひずみ**といいます。

$\varepsilon = \Delta L/L$

ε：ひずみ，L：長さ

■ 応力-ひずみ曲線

応力-ひずみ曲線は，応力を**縦軸**に，ひずみを**横軸**にとって描く関係曲線です。材料の引張試験，圧縮試験などに用いられ，**弾性**変形領域，**塑性**変形領域，**降伏**点などがわかります。

■ ヤング率

ヤング率は縦弾性係数とも呼ばれ，応力とひずみの関係を表す比例係数です。単位は，MPa，GPaが用いられます。

$E = \sigma/\varepsilon$ または $\sigma = E\varepsilon$ （この関係が**フック**の法則）

E：ヤング率，σ：応力，ε：ひずみ

■ フックの法則

フックの法則とは，材料が弾性領域を超えない場合において，応力とひずみとが一次式で**比例**する関係をいいます。

■ 断面二次モーメント

長さ b，高さ h の長方形の断面の断面二次モーメントは次式のとおりとなります。

$$I = \frac{bh^3}{12}$$

I：断面二次モーメント

■ 片持ちばりの先端荷重の公式

$$\delta = \frac{Pl^3}{3EI}$$

δ：たわみ，P：荷重，l：はりの長さ，
E：ヤング率，I：断面二次モーメント

■ はりの固有振動数を求める式

$$f = \frac{\lambda^2}{2\pi l^2} \sqrt{\frac{EI}{A\rho}}$$

f：固有振動数，l：はりの長さ，A：断面積，
E：ヤング率，I：断面二次モーメント，
ρ：密度，λ：振動数係数

■ ひずみエネルギーの公式

$$U = \frac{1}{2} P\lambda$$

U：ひずみエネルギー，P：荷重，λ：伸び

☑応力の公式
　σ(応力)＝P(荷重)／A(断面積)

☑ヤング率の公式
　E(ヤング率)＝σ(応力)／ε(ひずみ) または$\sigma＝E\varepsilon$

問1　　　　　　　　　　　　　　　　　　**重要度 ★★★**

両端にヒンジを有する2つの棒部材ACとBCがあり，点C
において鉛直下向きの荷重Pを受けている。棒部材ACとBC
に生じる軸方向力をそれぞれN_1とN_2とするとき，その比
$\dfrac{N_1}{N_2}$として，適切なものはどれか。なお，棒部材の伸びは微
小とみなしてよい。

① $\dfrac{1}{2}$

② $\dfrac{1}{\sqrt{3}}$

③ 1

④ $\sqrt{3}$

⑤ 2

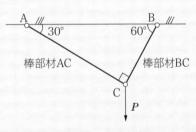

図　両端にヒンジを有する棒部材からなる構造

（令和4年度　Ⅰ－3－4）

解説　解答②

材料力学に関する計算問題です。

荷重 P は棒部材 AC と棒部材 BC 方向の引張強さ N_1 と N_2 に分解されます。

$$N_1 = P\cos 60° = \frac{1}{2}P$$

$$N_2 = P\cos 30° = \frac{\sqrt{3}}{2}P$$

ここから，$\dfrac{N_1}{N_2} = \dfrac{\dfrac{1}{2}P}{\dfrac{\sqrt{3}}{2}P} = \dfrac{1}{\sqrt{3}}$

したがって，②が正解となります。

問2　　　　　　　　　　　　　　　重要度 ★★★

　下図に示すように，1つの質点がばねで固定端に結合されているばね質点系A，B，Cがある。図中のばねのばね定数 k はすべて同じであり，質点の質量 m はすべて同じである。ばね質点系Aは質点が水平に単振動する系，Bは斜め45度に単振動する系，Cは垂直に単振動する系である。ばね質点系A，B，Cの固有振動数を f_A，f_B，f_C としたとき，これらの大小関係として，最も適切なものはどれか。ただし，質点に摩擦は作用しないものとし，ばねの質量については考慮しないものとする。

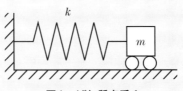

図1　ばね質点系A

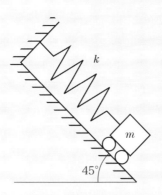

図2　ばね質点系B

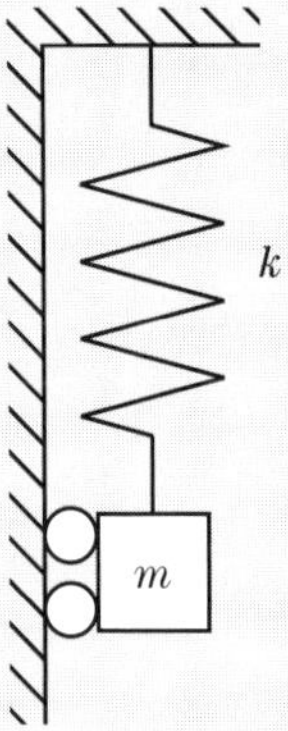

図3　ばね質点系C

① $f_A = f_B = f_C$

② $f_A > f_B > f_C$

③ $f_A < f_B < f_C$

④ $f_A = f_C > f_B$

⑤ $f_A = f_C < f_B$

（令和2年度　I-3-5）

解説　解答①

ばねの固有振動数 f_0 は次式で表されます。

$$f_0 = \frac{1}{2\pi} \times \sqrt{\frac{k}{m}}$$

ここから，固有振動数は k と m の値のみで決まることがわかります。

よって，設問にある水平，斜め45度，垂直のいずれの状態においても固有振動数は同じです。

したがって，$f_A = f_B = f_C$ となり，①が正解となります。

問3　　　　　　　　　　　　　　　重要度 ★★★

ヤング率 E，ポアソン比 v の等方性線形弾性体がある。直交座標系において，この弾性体に働く垂直応力の3成分を $\sigma_{xx}, \sigma_{yy}, \sigma_{zz}$ とし，それによって生じる垂直ひずみの3成分を $\varepsilon_{xx}, \varepsilon_{yy}, \varepsilon_{zz}$ とする。いかなる組合せの垂直応力が働いてもこの弾性体の体積が変化しないとすると，この弾性体のポアソン比 v として，最も適切な値はどれか。

ただし，ひずみは微小であり，体積変化を表す体積ひずみ ε は，3成分の垂直ひずみの和（$\varepsilon_{xx} + \varepsilon_{yy} + \varepsilon_{zz}$）として与えられるものとする。また，例えば垂直応力 σ_{xx} によって生じる垂直ひずみは，$\varepsilon_{xx} = \sigma_{xx}/E$，$\varepsilon_{yy} = \varepsilon_{zz} = -v\sigma_{xx}/E$ で与えられるものとする。

①　1/6　　②　1/4　　③　1/3　　④　1/2　　⑤　1

（令和元年度　I−3−4）

解説　解答④

三次元でのフックの法則を考えます。

ひずみを ε，応力を σ，ヤング率を E，ポアソン比を v とすると，各方向のひずみは，

x軸方向が $\varepsilon_x = \{\sigma_x - v(\sigma_y + \sigma_z)\}/E$

y軸方向が $\varepsilon_y = \{\sigma_y - v(\sigma_z + \sigma_x)\}/E$

z軸方向が $\varepsilon_z = \{\sigma_z - v(\sigma_x + \sigma_y)\}/E$

となります。

ここで，"体積は変化しない"とあるので，各方向のひずみは0，3方向のひずみの合計も0となります。

よって，$\varepsilon_x + \varepsilon_y + \varepsilon_z = \{\sigma_x + \sigma_y + \sigma_z - \nu(2\sigma_x + 2\sigma_y + 2\sigma_z)\}/E = 0$

となります。

これを計算すると，$1 - 2\nu = 0$，$\nu = \dfrac{1}{2}$となります。

したがって，④が正解となります。

問4 　　　　　　　　　　　　　　重要度 ★★★

長さ2m，断面積100mm^{2}の弾性体からなる棒の上端を固定し，下端を4kNの力で下方に引っ張ったとき，この棒に生じる伸びの値はどれか。ただし，この弾性体のヤング率は200GPaとする。なお，自重による影響は考慮しないものとする。

① 0.004mm 　　② 0.04mm 　　③ 0.4mm

④ 4mm 　　　　⑤ 40mm 　　　**(平成30年度 Ⅰ-3-6)**

▶ **解説** 　**解答③**

単位を揃えて計算する点に注意が必要です。

応力をσ，ひずみをε，ヤング率をEとすると，フックの法則より，$\varepsilon = \sigma/E$で表せます。

よって，$\varepsilon = \dfrac{4000 \diagup (100 \times 10^{-6})}{200 \times 10^9} = 2 \times 10^{-4}$

もとの長さが2mなので，伸びは2,000$\times 2 \times 10^{-4}$=**0.4**mmとなります。

したがって，③が正解となります。

問5

重要度 ★★★

下図に示すような両端を剛体壁に固定された断面積S，長さlの棒がある。棒を二等分する点をB点とし，AB間，BC間の縦弾性係数（ヤング率）をE_1，E_2とするとき，荷重Pが棒の軸方向に負荷された場合の点Bの変位δとして正しいものはどれか。

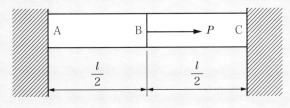

① $\dfrac{Pl}{2SE_1}$

② $\dfrac{Pl}{2SE_2}$

③ $\dfrac{Pl}{2S(E_1+E_2)}$

④ $\dfrac{3Pl}{2S(2E_1+E_2)}$

⑤ $\dfrac{Pl}{2S(E_1-E_2)}$

（平成27年度　Ⅰ-3-5）

解説　解答③

AB間とBC間の応力の合計は$\dfrac{P}{S}$で表されます。

AB間の引張りとBC間の圧縮は等しいので，

$$\frac{P}{S} = \frac{E_1 \cdot \delta}{l/2} + \frac{E_2 \cdot \delta}{l/2}$$ となります。

これをδについて解くと，

$$\delta = \frac{Pl}{2S(E_1 + E_2)}$$ となり，③が正解となります。

問6　　　　　　　　　　　　　重要度 ★★★

　下図に示すように，長さがlのはり1の左端を完全に固定し，自由端面において鉛直下方に荷重Pを負荷した。はり1の断面幅と断面高さはともに$l/4$である。同様に，長さがaのはり2の左端を完全に固定し，自由端面において鉛直下方にはり1と同一の荷重Pを負荷した。はり2の断面幅は$l/32$，断面高さはdである。はり1とはり2の自由端面に生じる鉛直方向のたわみが等しいとき，aとdが満たしている条件式として正しいものはどれか。ただし，はり1とはり2は，同じヤング率Eを持つ等方性線形弾性体であり，はりの断面は荷重を負荷した前後で平面を保ち，断面形状は変わらず，はりに生じるせん断変形，及び自重は無視する。

① $a \times d = 0.5$

② $a \times d = 2.5$

③ $a/d = 0.5$

④ $a/d = 2.0$

⑤ $a/d = 2.5$

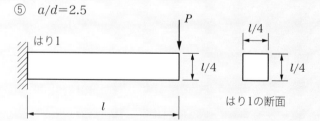

はり1の断面

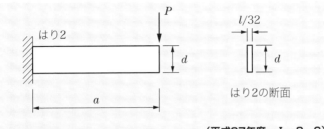

(平成27年度 I-3-6)

解説 解答④

　片持ちばりの先端荷重の公式と断面二次モーメントの公式を用います。荷重をP，はりの長さをL，ヤング率をE，断面二次モーメントをIとすると，たわみδは，

$$\delta = \frac{PL^3}{3EI}$$

で表されます（片持ちばりの先端荷重の公式）。

　断面の幅をb，断面の高さをhとすると，断面二次モーメントIは，

$$I = \frac{bh^3}{12}$$

で表されます（断面二次モーメントの公式）。

　この公式をはり1とはり2それぞれに代入すると，

〔はり1〕

$$\delta_1 = \frac{Pl^3}{3EI_1}$$

$$I_1 = \frac{(l/4) \times (l/4)^3}{12} = \frac{(l/4)^4}{12}$$

よって，$\delta_1 = \frac{1024P}{El}$

〔はり2〕

$$\delta_2 = \frac{Pa^3}{3EI_2}$$

$$I_2 = \frac{(l/32) \times d^3}{12}$$

よって，$\delta_2 = \dfrac{128P \times a^3}{El \times d^3}$

ここで，設問よりたわみ量は等しい（$\delta_1 = \delta_2$）とあるので，

$$\frac{1024P}{El} = \frac{128P \times a^3}{El \times d^3}$$

$$1024 = 128 \times (a^3/d^3)$$

$$8 = (a/d)^3$$

2 $= a/d$ となり，④が正解となります。

<u>問7</u>　　　　　　　　　　　　　　　　　　**重要度 ★★★**

　下図に示すように，左端を固定された長さ l，断面積 A の棒が，右端に荷重 P を受けている。このとき，棒が微小長さ δ 伸びたとする。この棒のヤング率を E としたとき，荷重 P と，棒全体に蓄えられるひずみエネルギー U の組合せとして最も適切なものはどれか。

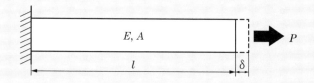

① $P = \dfrac{AE\delta}{l}$，$U = \dfrac{AE\delta^2}{l}$

② $P = \dfrac{AE\delta}{l}, \quad U = \dfrac{AE\delta^2}{2l}$

③ $P = \dfrac{AE\delta}{2l}, \quad U = \dfrac{AE\delta^2}{l}$

④ $P = \dfrac{AE\delta}{2l}, \quad U = \dfrac{AE\delta^2}{2l}$

⑤ $P = \dfrac{AE\delta}{2l}, \quad U = \dfrac{AE\delta^2}{4l}$

（平成25年度　Ⅰ-3-5）

解説 解答②

応力を σ，ひずみを ε とすれば，公式より，

$$\sigma = \frac{P}{A}, \quad \varepsilon = \frac{\sigma}{E} = \frac{P}{AE}$$

伸び δ は，$\delta = \varepsilon l$ なので，$\delta = \varepsilon l = \dfrac{Pl}{AE}$ となります。

荷重で整理すると，$P = \dfrac{AE\delta}{l}$

ひずみエネルギーは，公式より，

$$U = \frac{1}{2}P\delta$$

P を置き換えて，$U = \dfrac{1}{2} \times \dfrac{AE\delta}{l} \times \delta$

よって，ひずみエネルギー $U = \dfrac{AE\delta^2}{2l}$

したがって，②が正解となります。

合格のためのチェックポイント

「解析に関するもの」は全カテゴリーの中でやや難しいレベルだが、いずれも基礎的なものが中心となっている。**暗記すべき公式の絞り込み、積分や偏微分、行列の計算方法さえ習得していれば、得点の幅が広がるカテゴリー**といえる。

●行列、微分・積分
微分・積分、行列の知識を身につける
微分（偏微分）、積分（定積分、重積分）、行列の知識が問われるものが出題され、類似問題も多く、ある程度のパターン化が見られるため、苦手だからと除外するにはもったいない。

●材料力学
応力、ひずみ、ヤング率、フックの法則、ポアソン比、断面二次モーメントなどの基本公式をマスターする
出題数が多い重要項目で、多くは基本公式をもとに、その式の変形を活用することなどにより解答を導くものがほとんど。基本公式を確実に覚えておけば十分に対応できる。

●有限要素法
有限要素法の特徴をまとめておく
有限要素法は主要な解析手法であり、正誤を問う問題での出題が想定されるため、分割要素や隣接要素などを絡めて、その特徴を整理して理解しておきたい。

●熱流体力学
理想気体の状態方程式、ポアソンの法則、フーリエの法則などの基本公式をマスターする
この項目も過去問題で必要とされた基本公式を確実に覚えておくのがポイント。しばらく出題されていないため、有限要素法とともに本書では割愛したが、最低限の準備を整えておくとよい。

第4章 基礎科目

材料・化学・バイオに関するもの

原子

原子は，**原子核**とその周りを回っている**電子**から構成されています。

原子番号と質量数

原子番号は，原子において，その原子核の中にある**陽子**の数を表したものです。質量数は，「原子番号（陽子の数）＋中性子の数」であり，中性子の数は陽子の数と同じ（同位体の場合を除く）であることから，質量数は原子番号が増えるに従って増加するといえます。

中性子

中性子は，原子核を構成する電気的に中性の粒子で，質量は**陽子**とほぼ同じです。

同位体

同位体は，**原子番号**が同じ（陽子の数が同じ）で，**質量数**（**中性子**の数）が異なる元素のことで，**化学的**性質は同じですが，**物理的**性質が異なるものをいいます。水素（^1H）と重水素（^2H）などの例があります。

同素体

同素体は，同じ元素からなる単体で，反応性などの**化学的**性質や，原子の配列や結合様式などの**物理的**性質が異なるものをいいます。陽子数や中性子数はまったく同じです。酸素とオゾン，ダイヤモンドと黒鉛などの例があります。

酸化数

酸化数は，物質の持つ電子数が基準状態よりも多いか少ないかを表した数値で，その決定の主なルールは次のとおりです。

- 単体原子の酸化数は「0」
- 化合物全体の酸化数の総和は「**0**」
- 化合物中の水素原子の酸化数は「**+1**」
- 化合物中の酸素原子の酸化数は「**−2**」
- イオン全体の酸化数は，その電荷に等しい（例えば，MnO_4^-であれば，化合物全体の酸化数の総和が$0-1=-1$となる）

☑原子番号は陽子の数を表し，質量数は陽子と中性子の総数を表す

☑電気的に中性な原子では，陽子の数（原子番号）＝電子の数となる

☑酸化数は，物質の持つ電子数が基準状態より多いか少ないかを表すもので，いくつかのルールに従って求めることができる

問1　　　　　　　　　　　　　　　　　　　　**重要度 ★★★**

次の物質のうち，下線を付けた原子の酸化数が最小なものはどれか。

① $H_2\underline{S}$　② $\underline{Mn}$　③ $\underline{Mn}O_4^-$　④ $\underline{N}H_3$

⑤ $H\underline{N}O_3$　　　　　　　　　　　　（令和4年度　Ⅰ－4－2）

解説　解答④

化合物中の水素は酸化数「＋1」，化合物中の酸素は酸化数「－2」，化合物全体の酸化数の総和は0，イオン全体の酸化数は電荷に等しいというルールに従って計算します。それぞれの物質の酸化数を x とすると，

① $H_2S \rightarrow 1 \times 2 + x = 0$ より，$x = -2$

② $Mn \rightarrow$ 単体原子の酸化数なので，$x = 0$

③ $MnO_4^- \rightarrow x + (-2) \times 4 = -1$ より，$x = 7$

④ $NH_3 \rightarrow x + 1 \times 3 = 0$ より，$x = \mathbf{-3}$

⑤ $HNO_3 \rightarrow 1 + x + (-2) \times 3 = 0$ より，$x = 5$

したがって，④が正解となります。

問2

重要度 ★★★

同位体に関する次の（ア）～（オ）の記述について，それぞれの正誤の組合せとして，最も適切なものはどれか。

（ア）　質量数が異なるので，化学的性質も異なる。

（イ）　陽子の数は等しいが，電子の数は異なる。

（ウ）　原子核中に含まれる中性子の数が異なる。

（エ）　放射線を出す同位体の中には，放射線を出して別の元素に変化するものがある。

（オ）　放射線を出す同位体は，年代測定などに利用されている。

	ア	イ	ウ	エ	オ
①	正	正	誤	誤	誤
②	正	正	正	正	誤
③	誤	誤	正	正	正
④	誤	正	誤	正	正
⑤	誤	誤	正	誤	誤

（令和3年度　I－4－1）

解説　解答③

（ア）**誤**。化学的性質は同じで，物理的性質が異なります。

（イ）**誤**。電子の数ではなく，中性子の数が異なります。

（ウ）～（オ）**正**。記述のとおりです。

したがって，③が正解となります。

▶ 化学反応式

化学反応式は，化学反応による反応物と生成物の変化を表すもので，右辺と左辺を「→」でつなぎます。右辺と左辺の原子（分子，イオン）の数を**同じ**に揃えなければならない，分数や小数は用いないというルールがあります。

〔例〕アンモニアの生成

$N_2 + 3H_2 \rightarrow 2NH_3$

▶ 熱化学方程式

熱化学方程式は，化学反応による反応物と生成物の変化とともに，熱量の変化を表すもので，右辺と左辺を「＝」で結びます。一般に，1molでの反応を示すものです。

発生する熱量については，発熱反応は「＋」，吸熱反応は「－」として，右辺の端に付けます。

また，物質の状態を示すために，気体では（気）または(g)，液体では（液）または(l)，固体では（固）または(s)を付記します。

〔例〕アンモニアの生成

$$\frac{1}{2}N_2 \text{（気）} + \frac{3}{2}H_2 \text{（気）} = NH_3 \text{（気）} + 46.1 \text{［kJ］}$$

▶ ルシャトリエの原理

ルシャトリエの原理は，**平衡移動**の原理とも呼ばれ，平衡状態にある反応系において，温度，圧力，反応に関与する物質の分圧や濃度といった条件を変化させると，その変化を相殺する方向へ平衡は移動するというものです。

温度条件と圧力条件による移動方向は次のとおりです。ここでいう移動方向とは，熱化学方程式における右辺か左辺かを指します。

〔温度による移動〕

　温度を上げると，**吸熱**反応の方向に平衡は移動します。下げたときは，その逆です。

〔圧力による移動〕

　圧力を上げると，気体分子の数が**減る**方向に平衡は移動します。下げたときは，その逆です。

▶ 結合エネルギー

　結合エネルギーは，気体分子1molを**切断**するのに必要なエネルギーのことで，単位はkJ/molを用います。「H-H：436 kJ/mol」といった表記で表されます。

　結合の切断はエネルギーを吸収するので**吸熱**反応（−），結合の生成は**発熱**反応（＋）となります。

〔例〕

　　H_2（気）＝2H（気）−436 kJ/mol

　　2H（気）＝H_2（気）＋436 kJ/mol

▶ 酸化還元反応の見分け方

　化学反応式の前後で酸化数の変化があれば酸化還元反応であると見分けられます。酸化数の求め方は，p.113を参照してください。

　簡単な見分け方としては，「化学反応式の中に単体原子が入っているものは酸化還元反応である」といえます。これは，単体原子の酸化数は**0**なので，その原子が反応の前後で化合物になっていれば必ず酸化数が変化することになるからです。

- ☑平衡状態にある反応系では，温度，圧力，反応に関係する物質の分圧や濃度などを変化させると，平衡はそれを相殺する方向へ移動する（ルシャトリエの原理）

- ☑気体分子1molを切断するのに必要なエネルギーを結合エネルギーといい，単位はkJ/molを用いる

- ☑熱化学方程式は，化学反応による熱量の変化を表すもので，右辺と左辺を「＝」で結んで表す。1molでの反応を示すのが一般的

問1   重要度 ★★★

次の化学反応のうち，酸化還元反応でないものはどれか。

① $2Na + 2H_2O \rightarrow 2NaOH + H_2$

② $NaClO + 2HCl \rightarrow NaCl + H_2O + Cl_2$

③ $3H_2 + N_2 \rightarrow 2NH_3$

④ $2NaCl + CaCO_3 \rightarrow Na_2CO_3 + CaCl_2$

⑤ $NH_3 + 2O_2 \rightarrow HNO_3 + H_2O$

（令和3年度　Ⅰ－4－2）

解説　解答④

①～③および⑤は酸化還元反応です。

④のみ化学反応の前後で酸化数が変化していないので，酸化還元反応ではありません。

したがって，④が正解となります。

問2   重要度 ★★★

次の有機化合物のうち，同じ質量の化合物を完全燃焼させたとき，二酸化炭素の生成量が最大となるものはどれか。ただし，分子式右側の（　）内の数値は，その化合物の分子量である。

① メタン CH_4 （16）

② エチレン C_2H_4 （28）

③ エタン C_2H_6 （30）

④ メタノール CH_4O （32）

⑤ エタノール C_2H_6O （46） **（令和2年度　Ⅰ－4－1）**

解説 解答②

燃焼の反応式を書いて，発生する二酸化炭素のモル数を比較します。二酸化炭素の生成量（モル）は，化合物のモル数×反応式の二酸化炭素の係数となります。ここでは，設問に同じ質量の化合物とあるので，それぞれ1gと仮定します。

① $CH_4 + 2O_2 \rightarrow 2H_2O + CO_2$

よって，$(1/16) \times 1 = 1/16$

② $C_2H_4 + 3O_2 \rightarrow 2H_2O + 2CO_2$

よって，$(1/28) \times 2 = 1/14$

③ $C_2H_6 + \dfrac{7}{2}O_2 \rightarrow 3H_2O + 2CO_2$

よって，$(1/30) \times 2 = 1/15$

④ $CH_4O + \dfrac{3}{2}O_2 \rightarrow 2H_2O + CO_2$

よって，$(1/32) \times 1 = 1/32$

⑤ $C_2H_6O + 3O_2 \rightarrow 3H_2O + 2CO_2$

よって，（1／46）×2＝1／23

したがって，1／14が二酸化炭素の生成量の最大となり，
②が正解となります。

問3   重要度 ★★★

　以下のアンモニア合成反応の熱化学方程式に関する次の記
述のうち，最も適切なものはどれか。

　　N_2（気）＋$3H_2$（気）＝$2NH_3$（気）＋92［kJ］

　ただし，（気）は気体を意味する。

① 反応温度・反応圧力を変化させてもアンモニア生成率
　 に変化はない。

② 低温・低圧で反応させるほど，アンモニア生成率は向
　 上する。

③ 高温・高圧で反応させるほど，アンモニア生成率は向
　 上する。

④ 低温・高圧で反応させるほど，アンモニア生成率は向
　 上する。

⑤ 高温・低圧で反応させるほど，アンモニア生成率は向
　 上する。

(平成28年度　Ⅰ－4－1)

解説　解答④

　温度を低くすると，発熱する方向（右）に平衡は移動しま
す。圧力を上げると，気体分子の数が減る方向（右）に平衡
は移動します。

　したがって，設問にある「アンモニア生成率」は，右方向
に平衡が移動することによって向上する（反応が進む）の

で，**低温・高圧**の④が正解となります。

問4 **重要度 ★★★**

次の結合エネルギーを用いて得られる，1molの塩化水素HClの生成熱[注)]に最も近い値はどれか。

結合エネルギー　H-H：436 kJ/mol，Cl-Cl：243 kJ/mol，H-Cl：432 kJ/mol

注）　生成熱：化合物1molが，その成分元素の単体から生成するときの反応熱をいい，発熱反応の場合を負の値で表す。

① −93 kJ/mol
② −216 kJ/mol
③ −340 kJ/mol
④ −432 kJ/mol
⑤ −679 kJ/mol

（平成26年度　Ⅰ−4−1）

解説 **解答①**

反応式は，$\frac{1}{2}H_2+\frac{1}{2}Cl_2=HCl+x$（生成熱）となります。

設問にあるエネルギーの値から，

$$\frac{1}{2}\times 436+\frac{1}{2}\times 243=432+x$$

$$x=218+121.5-432=\mathbf{-92.5}$$

となるため，**92.5** kJ/molの**発熱**反応であることがわかります。

したがって，最も近い値は①となります。

DNAの構成成分

　DNA（deoxyribonucleic acid，デオキシリボ核酸）は，体を形成するタンパク質を作るための遺伝子が並んだものです。DNAは**糖**，**塩基**，**リン酸**で構成されています。

DNAの塩基

　DNAの塩基には，**アデニン**（**A**），**チミン**（**T**），**グアニン**（**G**），**シトシン**（**C**）の4種類があります。

ヌクレオチド

　ヌクレオチドは，糖，塩基，リン酸が結合した最小単位のものです。糖の5つの炭素のうち**3′**と**5′**でリン酸と接続しています。また，**1′**で塩基のアデニン（A），チミン（T），グアニン（G），シトシン（C）のいずれかと接続します。

ポリヌクレオチド鎖

　ヌクレオチドが多数つながったものを**ポリヌクレオチド**鎖といいますが，ヌクレオチド同士は，**3′, 5′－ホスホジエステル結合**によってつながっています。ポリヌクレオチド鎖は，**一本鎖**になっています。

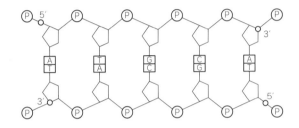

DNA の構造

DNAは，2本のポリヌクレオチド鎖が塩基の部分で**水素結合**した二本鎖になっています。この結合は，時計回りの**二重らせん**構造をしています。

コドン

タンパク質が作られるとき，重要な役割を果たしているのが3つの塩基配列です。塩基3つの配列のことを**コドン**といいますが，コドンのほとんどは20種類のアミノ酸に振り分けられ，1種類のアミノ酸に対していくつものコドンが存在しています。

相補性

二重らせん構造の塩基の結合は，アデニンの場合はチミン，チミンの場合はアデニンになっています。また，グアニンの場合はシトシン，シトシンの場合はグアニンになっています。このように決まった形でお互いを補うため，この塩基の結合状態を**相補性**といいます。

☑DNAの塩基にはアデニン（A），チミン（T），グアニン（G），シトシン（C）の4種類があり，AとT，CとGという決まった形で結合している（相補鎖）

☑ヌクレオチドは，糖，塩基，リン酸が結合した最小単位のもので，ヌクレオチドがホスホジエステル結合によってつながったものをポリヌクレオチド鎖という

☑DNAは，2本のポリヌクレオチド鎖が塩基の部分で水素結合した二本鎖になっている

☑コドンのほとんどは20種類のアミノ酸に振り分けられ，1種類のアミノ酸に対していくつものコドンが存在している

問1   重要度 ★★★

　ある二本鎖DNAの一方のポリヌクレオチド鎖の塩基組成を調べたところ，グアニン（G）が25％，アデニン（A）が15％であった。このとき，同じ側の鎖，又は相補鎖に関する次の記述のうち，最も適切なものはどれか。

① 同じ側の鎖では，シトシン（C）とチミン（T）の和が40％である。

② 同じ側の鎖では，グアニン（G）とシトシン（C）の和が90％である。

③ 相補鎖では，チミン（T）が25％である。

④ 相補鎖では，シトシン（C）とチミン（T）の和が

50％である。

⑤　相補鎖では，グアニン（G）とアデニン（A）の和が
　　60％である。

（令和4年度　I－4－6）

解説　**解答⑤**

　DNAに関する正誤問題です。

　DNAは2本のポリヌクレオチド鎖が塩基の部分で結合した
二本鎖になっており，DNAの塩基にはアデニン（A），チミ
ン（T），グアニン（G），シトシン（C）の4種類があります。
二本鎖の塩基は，AとT，CとGという決まった形で結合す
るため，これを相補鎖といいます。

　設問の数値を図に表すと以下のようになり，一方の鎖の塩
基すべての割合を足した値が100％となります。

```
                15%            25%     } 合わせて100%
同じ側の鎖  A — T — G — C
            |       |       |       |
相補鎖  T — A — C — G
                15%            25%     } 合わせて100%
```

①　**不適切**。同じ側の鎖では，C＋T＝100－（A＋G）＝
　100－（15＋25）＝60％となります。

②　**不適切**。同じ側の鎖では，Aが15％と与えられている
　ので，100－15＝85より，GとCとの和が90％となる
　ことはありません。

③　**不適切**。相補鎖では，Tは15％となります。

④　**不適切**。相補鎖では，C＋T＝25＋15＝40％となりま

す。

⑤ **適切**。相補鎖では，$G+A=100-(C+T)=100-(25+15)=60\%$ となります。

したがって，⑤が正解となります。

<u>問2</u>   **重要度 ★★★**

タンパク質を構成するアミノ酸は20種類あるが，アミノ酸1個に対してDNAを構成する塩基3つが1組となって1つのコドンを形成して対応し，コドンの並び方，すなわちDNA塩基の並び方がアミノ酸の並び方を規定することにより，遺伝子がタンパク質の構造と機能を決定する。しかしながら，DNAの塩基は4種類あることから，可能なコドンは$4\times4\times4=64$通りとなり，アミノ酸の数20をはるかに上回る。この一見して矛盾しているような現象の説明として，最も適切なものはどれか。

① コドン塩基配列の1つめの塩基は，タンパク質の合成の際にはほとんどの場合，遺伝情報としての意味をもたない。

② 生物の進化に伴い，1種類のアミノ酸に対して1種類のコドンが対応するように，$64-20=44$のコドンはタンパク質合成の鋳型に使われる遺伝子には存在しなくなった。

③ $64-20=44$のコドンのほとんどは20種類のアミノ酸に振分けられ，1種類のアミノ酸に対していくつものコドンが存在する。

④ 64のコドンは，DNAからRNAが合成される過程において配列が変化し，1種類のアミノ酸に対して1種類の

コドンに収束する。

⑤ 基本となるアミノ酸は20種類であるが，生体内では種々の修飾体が存在するので，64-20＝44のコドンがそれらの修飾体に使われる。

（令和元年度（再試験） Ⅰ-4-5）

解説 **解答③**

DNAとアミノ酸に関する正誤問題です。

① **不適切**。コドン塩基配列の3つを読み取ることでタンパク質を合成します。

② **不適切**。すべてのコドンがタンパク質合成のための遺伝子情報として使用されます。

③ **適切**。記述のとおりです。

④ **不適切**。DNAからRNAが合成される過程では，配列変化，1種類のコドンへの収束は生じません。

⑤ **不適切**。コドンは生体内の修飾体には使われません。

したがって，③が正解となります。

▐▶ 金属材料の特性

金属材料の中で生産量および需要が多いのは鉄，銅，アルミニウムです。金属材料を代表するこれら3種類の素材についての一般特性（密度，電気抵抗率，融点）を表1にまとめました。密度および電気抵抗率は室温（20℃）の値，融点は1気圧の値です。

表1に示すように，密度は値の大きい順に，**銅＞鉄＞アルミニウム**，電気抵抗率は**鉄＞アルミニウム＞銅**となっています。融点は**鉄＞銅＞アルミニウム**となっています。

表1 鉄，銅，アルミニウムの特性

	鉄	銅	アルミニウム
密度 [g/cm³]	7.87	8.92	2.70
電気抵抗率 [Ωm]	10.00×10^{-8}	1.69×10^{-8}	2.62×10^{-8}
融点 [℃]	1535	1083.4	660.4

▐▶ 熱伝導率

熱伝導率については，高純度の金属において，熱伝導は**格子振動**（フォノン）よりも**自由電子**によってより効率的に行われます。さらに，不純物で合金化された金属では，高純度の金属よりも熱伝導率は**低下**します。

▐▶ 自由電子

金属はそれを構成する原子の周りを，**自由電子**が大きな運

動の束縛を受けずに激しく動き回ることによって原子同士が結合しています。このことが、金属が有用な材料として使われる主要な理由となっています。また、高温下では自由電子の運動が激しくなるので、金属の電気伝導率は**高温**になるほど**低く**なります。

金属の**塑性**は、自由電子が存在するために原子の移動が比較的容易で、また移動後も結合が切れないことによるものです。そのため、金属は力を加えることで比較的容易に変形させることができます。

▋変形

多くの金属は、室温下では変形が進むにつれて**格子欠陥**が増加して、**加工硬化**していきます。加工硬化した金属を加熱すると、増加した格子欠陥が減少し、加工前の強度に近づいていきます。増加した格子欠陥の減少を目的とした熱処理を**焼きなまし**といいます。

一定の応力あるいは荷重のもとで、時間とともに塑性変形が進行していく現象を**クリープ**といいます。

金属が比較的小さい**引張り応力**を受ける場合、応力（σ）とひずみ（ε）は次の式で表されるように比例関係にあります。

$\sigma = E\varepsilon$

これは、**フックの法則**として知られており、比例定数Eを**ヤング率**と呼びます。銅のヤング率は130 GPa前後で、アルミニウムは約70 GPaです。組成や条件などにより変化します。例えば温度が高くなるとヤング率は小さくなります。

フックの法則で明らかなように、**応力**と**ひずみ**は比例関係にありますが、応力がある大きさを超えると、その関係は崩れてしまい、応力を取り除いても金属材料は元の形状に戻ら

なくなります。この現象を**降伏**といいます。降伏に至る前に荷重を除けば元の形状に戻ります。これが**弾性変形**です。降伏後の現象は塑性変形といいます。

▶ 結晶構造

　原子が規則正しく配列されている構造を**結晶構造**といいます。金属材料は，この結晶構造のように思われますが，実際は微小ながら不規則な形をした結晶の集合体です。この微小な結晶のことを**結晶粒**といいます。金属材料の降伏応力は結晶粒のサイズと**反比例**しています（ホール・ペッチの関係式）。そのため結晶粒径（結晶粒の大きさ）が小さくなるほど，強度は上がっていきます。その反面，塑性変形しにくくなることから**延性**は低下していきます。

▶ 疲労破壊

　疲労破壊とは，材料が長期間にわたって**継続的**に応力を受けることで材料の強度が低下する現象のことです。材料が持つ引張り強さよりも小さい応力でも，この繰り返し負荷により，最終的には**破断**に至ります。金属材料に起こるこの現象は破壊として知られています。

▶ 腐食

　金属材料の腐食には，空気や反応生成ガス，燃焼ガスなどのガス中に生じる乾食と，水などの液体で生じる湿食があります。また，金属の中には，イオン化傾向から判断されるよりはるかに化学的安定性の高いものがあります。それらの金属が化学的に安定している理由は，酸化物が金属の表面に強固に結合することで**不動態皮膜**を形成しやすいからです。

　ステンレス鋼は表面に強固な不動態皮膜を形成すること

ら，錆に強いという性質を持っています。ただし海水に含まれる**塩素**には弱いという短所があります。また，**水素脆化**を引き起こしやすいということも短所としてあげられます。ステンレス鋼は水素脆化による強度や延性の低下が著しいといわれています。

　腐食の1つに，**応力腐食割れ**があります。応力腐食割れとは，腐食作用と引張り応力が重なった現象です。この複合作用により，その材料が持つ引張り強さよりも低い応力で材料に割れが入ってしまいます。

水素脆化

　水素脆化とは，水素が金属内に入り拡散することで，金属材料の強度や延性などを低下させて，脆くさせる現象です。腐食，溶接，酸洗い，電気めっきなどにより水素が取り込まれることが原因とされています。水素脆化による破壊は，**遅れ破壊**とも呼ばれています。

　金属の中には水素を取り込む性質を持っているものがあります。これらの金属に水素が入り込むと，水素脆性が問題となってきます。

不動態皮膜

　不動態皮膜とは，金属の表面に生じた**酸化皮膜**のことです。この皮膜が形成されると，バリアーの働きをして金属を腐食から守るようになります。この不動態皮膜を生じる金属を**不動態金属**といい，ステンレスやアルミニウム，クロム，チタンなどがその代表としてあげられます。

　ステンレスに含まれるクロムは強固な不動態皮膜を形成することから，鉄に比べて錆びにくくなっています。

☑鉄，銅，アルミの特性順序は，密度は銅＞鉄＞アルミ，電気抵抗率は鉄＞アルミ＞銅，融点は鉄＞銅＞アルミ

☑金属の表面に生じる酸化皮膜（不動態皮膜）が金属を腐食から守っている

☑室温下では，変形が進むにつれて格子欠陥が増加し，加工硬化していく

問1　　　　　　　　　　　　　　　　重要度 ★★★

金属の変形に関する次の記述について，____に入る語句及び数値の組合せとして，最も適切なものはどれか。

金属が比較的小さい引張応力を受ける場合，応力（σ）とひずみ（ε）は次の式で表される比例関係にある。

$$\sigma = E\varepsilon$$

これは ア の法則として知られており，比例定数Eを イ という。常温での イ は，マグネシウムでは ウ GPa，タングステンでは エ GPaである。温度が高くなると イ は， オ なる。

※応力とは単位面積当たりの力を示す。

	ア	イ	ウ	エ	オ
①	フック	ヤング率	45	407	大きく
②	フック	ヤング率	45	407	小さく
③	フック	ポアソン比	407	45	小さく

| ④ | ブラッグ | ポアソン比 | 407 | 45 | 大きく |
| ⑤ | ブラッグ | ヤング率 | 407 | 45 | 小さく |

（令和3年度　Ｉ−4−3）

解説　解答②

材料に関する穴埋め問題です。

$\sigma = E\varepsilon$は，フックの法則として有名な力学の公式です。比例定数Eは，ヤング率と呼ばれ，温度によって変化します。温度が高くなると，ヤング率は小さくなります。数値が大きいほど剛性が高いといえます。常温でのヤング率は，マグネシウムで45GPa，タングステンで407GPaとなっています。

「タングステンの方が剛性が高い＝ヤング率の数値が高い」という点から推測し，数値がマグネシウム＜タングステンとなっている選択肢を絞り込むことも有効です。

したがって，（ア）**フック**，（イ）**ヤング率**，（ウ）**45**，（エ）**407**，（オ）**小さく**の語句となり，②が正解となります。

問2　　　　　　　　　　　　　　　重要度 ★★★

鉄，銅，アルミニウムの密度，電気抵抗率，融点について，次の（ア）〜（オ）の大小関係の組合せとして，最も適切なものはどれか。ただし，密度及び電気抵抗率は20［℃］での値，融点は1気圧での値で比較するものとする。

（ア）：鉄　＞　銅　＞　アルミニウム
（イ）：鉄　＞　アルミニウム　＞　銅
（ウ）：銅　＞　鉄　＞　アルミニウム
（エ）：銅　＞　アルミニウム　＞　鉄

(オ)：アルミニウム ＞ 鉄 ＞ 銅

	密度	電気抵抗率	融点
①	（ア）	（ウ）	（オ）
②	（ア）	（エ）	（オ）
③	（イ）	（エ）	（ア）
④	（ウ）	（イ）	（ア）
⑤	（ウ）	（イ）	（オ）

（令和2年度　Ⅰ-4-3）

解説　解答④

材料に関する問題です。

密度（g/cm³）は，

　　銅（8.92）＞鉄（7.87）＞アルミニウム（2.70）

の順となります。電気抵抗率（Ωm）は，

　　鉄（10.00×10⁻⁸）＞アルミニウム（2.62×10⁻⁸）＞銅

　　（1.69×10⁻⁸）

の順となります。融点（℃）は，

　　鉄（1535）＞銅（1083.4）＞アルミニウム（660.4）

の順になります。

　したがって，**（ウ）**，**（イ）**，**（ア）** の組合せとなり，④が正解となります。

問3　　　　　　　　　　　　　　　　重要度 ★★★

　金属材料の腐食に関する次の記述のうち，最も適切なものはどれか。

① 腐食とは，力学的作用によって表面が逐次減量する現象である。

② 腐食は，局所的に生じることはなく，全体で均一に生じる。

③ アルミニウムは表面に酸化物皮膜を形成することで不動態化する。

④ 耐食性のよいステンレス鋼は，鉄にニッケルを5%以上含有させた合金鋼と定義される。

⑤ 腐食の速度は，材料の使用環境温度には依存しない。

（平成30年度　Ⅰ-4-3）

解説　解答③

金属の腐食に関する正誤問題です。

① **不適切**。腐食は，化学反応または電気化学反応によって損耗する現象のことをいいます。

② **不適切**。腐食には，全面腐食，局部腐食，粒間腐食，孔食などがあります。

③ **適切**。記述のとおりです。

④ **不適切**。ステンレス鋼は，鉄にクロムを11%以上含有させた合金鋼で，さらに8%以上のニッケルを加えると耐食性が増します。

⑤ **不適切**。腐食の速度は，材料の使用環境温度に依存します。

したがって，③が正解となります。

合格のためのチェックポイント

「材料・化学・バイオ」は全カテゴリーの中でも難易度はやや高レベル。例えば化学では，正確に反応式を追う必要があるほか，元素そのものの特性を知らないと解答できないものもある。バイオについては，幅広い分野から新規問題として出題されることが多く絞り込みは難しい。とはいえ，このカテゴリーは類似問題の出題率が高まっているので，**過去問題に範囲を絞って学習すれば，確実に点数を取ることが可能である。**

●材料
過去7年間の出題に的を絞って学習する
金属の腐食・変形・破壊，各材料における熱伝導，環境負荷低減材料などを押さえる
材料の中では金属に関する出題の頻度が高い傾向にある。出題形式は年度により若干異なるが，正誤または穴埋めの設問方法で問うものが多く見られる。ここでも，やみくもに手を広げず，過去7年間の出題に的を絞った学習が重要となる。

●化学
過去問題に照らして化学反応に関する基礎知識を身につけ，計算問題に対応できるようにしておく
化学反応について計算で求める出題が顕著なため，化学反応に関する基礎知識が必要となる。ただし，過去問題の出題に的を絞って理解を進めておけば，それほど深い知識を必要とせずに計算問題の延長として解くことができる。

●バイオ
過去問題に絞り込んで学習を進める
遺伝子工学，DNA，タンパク質とアミノ酸などのバイオテクノロジーの基礎知識が必要とされるが，新たな学習は効率が良いとはいえないので，過去問題に絞り込んで対応する。

第5章 基礎科目

環境・
エネルギー・
技術に
関するもの

環境基本法

環境基本法は，環境の保全について，基本理念を定め，国，地方公共団体，事業者および国民の責務を明らかにするとともに，環境の保全に関する施策の基本となる事項を定めることにより，環境の保全に関する施策を総合的かつ計画的に推進し，現在および将来の国民の健康で文化的な生活の確保に寄与するとともに人類の福祉に貢献することを目的とした日本の環境政策の根幹を定めた法律で，すべての環境施策の上位法になります。

施策の策定，実施に係る指針を明示し，**環境基本計画**の策定，**環境基準**，公害防止計画，**環境影響評価**の推進，地球環境保全に関する国際協力，費用負担など基本的な施策について規定しています。

また，同法において，**大気汚染**，**水質汚濁**，**土壌汚染**，**騒音**の4つに係る環境上の条件について，「**人の健康**を保護し，及び**生活環境**を保全する上で維持されることが望ましい基準」として，環境基準を定めるものとされています。

循環型社会形成推進基本法

循環型社会形成推進基本法は，循環型社会の形成について基本原則，関係主体の責務を定めるとともに，循環型社会形成推進基本計画の策定，その他循環型社会の形成に関する施策の基本となる事項などを規定した法律です。

法の対象となる物を有価・無価を問わず「廃棄物等」として，廃棄物等のうち有用なものを「**循環資源**」と位置付け，その循環的な利用を促進するとしています。処理の優先順位

については，**発生抑制，再使用，再生利用（リサイクル），熱回収，適正処分**として法定化しました。また，事業者や国民の「**排出者責任**」を明確化し，生産者の「**拡大生産者責任**」の一般原則を確立しました。

▮ 排出者責任

排出者責任は，循環型社会形成推進基本法の基礎理念の1つで，廃棄物を**排出**する者が，その適正処理に関する**責任を負う**べきとする考え方です。

▮ 拡大生産者責任

拡大生産者責任（EPR：Extended Producer Responsibility）は，循環型社会形成推進基本法の基礎理念の1つで，**生産者**が，その生産した製品が使用され，廃棄された後においても，当該製品の適正なリサイクルや処分について一定の**責任を負う**とする考え方です。

▮ 廃棄物処理法

廃棄物の処理及び清掃に関する法律（廃棄物処理法）は，廃棄物の排出を抑制し，その**適正**な分別，保管，収集，運搬，再生，処分などの処理をして，**生活環境**の保全および**公衆衛生**の向上を図ることを目的とした法律です。

廃棄物処理施設の設置規制，廃棄物処理業者に対する規制，廃棄物処理に係る基準などを内容としています。

▮ 資源有効利用促進法

資源の有効な利用の促進に関する法律（資源有効利用促進法）は，循環型社会を形成していくために必要な3R（**リデュース，リユース，リサイクル**）の取り組みを総合的に促

進することにより，循環経済システムの構築を目的とした法律です。

パソコン，小形二次電池を**指定再資源化製品**と定め，再資源化を製造等事業者に義務付けています。

▶ 容器包装リサイクル法

容器包装に係る分別収集及び再商品化の促進等に関する法律（容器包装リサイクル法）は，家庭ごみで大きな割合を占める容器包装廃棄物について排出抑制の上，消費者は**分別排出**，市町村は**分別収集**，事業者は**再商品化の実施**という役割分担を定めた法律です。

再商品化義務対象となる容器包装は，**ガラス製容器**，**PETボトル**，**紙製容器包装**，**プラスチック製容器包装**の4品目です。アルミ缶，スチール缶，段ボール，紙パックは同法における容器包装廃棄物ですが，市町村が分別収集した段階で有価物となるため，市町村の分別収集の対象にはなりますが，再商品化義務の対象とはなっていません。

▶ 家電リサイクル法

特定家庭用機器再商品化法（家電リサイクル法）は，**家庭用エアコン**，**テレビ**，**洗濯機・衣類乾燥機**，**冷蔵庫・冷凍庫**の4品目について，**小売業者**に消費者からの引き取りおよび引き取った廃家電の製造者などへの引き渡しを義務付けるとともに，製造業者等に対して引き取った廃家電の一定水準以上のリサイクルの実施を義務付けた法律です。

消費者には，家電4品目を廃棄する際に**収集運搬料金**と**リサイクル料金**を支払うことを義務付けています。

食品リサイクル法

　食品循環資源の再生利用等の促進に関する法律（食品リサイクル法）は，食品の売れ残りや食べ残しにより，または食品の製造過程において大量に発生している食品廃棄物について，**発生抑制**と減量化により最終的に処分される量を減少させるとともに，飼料や肥料等の原材料として再生利用するため，**食品関連事業者**（製造，流通，外食など）による食品循環資源の**再生利用等**を促進する目的で制定された法律です。

　再生利用等の優先順位は，**発生抑制**，**再生利用**，**熱回収**，**減量**（乾燥・脱水・発酵・炭化）としています。

建設リサイクル法

　建設工事に係る資材の再資源化等に関する法律（建設リサイクル法）は，一定規模以上の建設工事について，その**受注者**に対し，**特定建設資材**を分別解体等により現場で分別し，再資源化等を行うことを義務付けるとともに，発注者による工事の事前届出制度，解体工事業者の登録制度の実施などを定めた法律です。

　特定建設資材とは，**コンクリート**，**コンクリートと鉄からなる建設資材**，**木材**，**アスファルト・コンクリート**の4種類を指します。

自動車リサイクル法

　使用済自動車の再資源化等に関する法律（自動車リサイクル法）は，自動車製造業者等および関連事業者に適切な役割分担を義務付けることにより，使用済自動車のリサイクル・適正処理を図るための法律です。

　自動車の所有者（最終所有者）によるリサイクル料金の支払い，フロン類・エアバッグ・シュレッダーダスト（解体・

破砕後の残さ）の自動車メーカー・輸入業者による引き取りなどが定められています。

▶ グリーン購入法

国等による環境物品等の調達の推進等に関する法律（グリーン購入法）は，国などの**公的機関**が率先して環境物品等（環境負荷低減に資する製品・サービス）の調達を推進し，環境負荷の少ない持続的発展が可能な社会の構築を推進することを目的としている法律です。

対象は，①国と独立行政法人ですが，②地方公共団体と地方独立行政法人に**努力義務**，③事業者と国民に**一般的責務**を定めています。

▶ バーゼル条約

有害廃棄物の国境を越える移動及びその処分の規制に関するバーゼル条約（バーゼル条約）は，国境を越える有害廃棄物の移動について国際的な枠組みや手続きなどを規定した国際条約で，日本は1993年（平成5年）に加入しています。有害廃棄物の輸出に際しての輸入国・通過国への事前通告・同意取得の義務付け，非締約国との有害廃棄物の輸出入の禁止などを規定しています。

条約採択の背景には，**欧米先進国**からの廃棄物が**開発途上国**に放置されて環境汚染が生じ，健康被害や環境の破壊が進んでいることに対し，開発途上国より出てきたこのような移動を禁止する意見・要望と，適切な処理能力・技術のある国へのリサイクルなどのための移動までを禁止することは環境上最善ではないという先進国の意見とが調整され，合意に至りました。

■ 大気汚染に関する環境基準の対象物質

環境基本法で定められている大気汚染に関する環境基準の対象物質は，二酸化硫黄（SO_2），一酸化炭素（CO），浮遊粒子物質（SPM），二酸化窒素（NO_2），光化学オキシダント（Ox），微小粒子状物質（**PM2.5**）があります。

■ ライフサイクルアセスメント

ライフサイクルアセスメントとは，製品およびサービスにおける資源の採取から製品の製造，使用，リサイクル，廃棄，物流などに関する**ライフサイクル全般**にわたっての総合的な**環境負荷**を**定量的**かつ**客観的**に評価する手法のことです。

■ 環境会計

環境会計とは，環境保全への取り組み状況を可能な限り**定量的**に管理することで，事業経営を健全に保つツールとして有効とされています。

■ 環境監査

環境監査とは，事業者の環境管理の取り組み状況について，**客観的**な立場から点検を行うことです。

☑廃棄物の処理の優先順位は，発生抑制，再使用，再生利用（リサイクル），熱回収，適正処分

☑容器包装リサイクル法で再商品化義務対象となる容器包装は，ガラス製容器，PETボトル，紙製容器包装，プラスチック製容器包装の4品目

☑建設リサイクル法で分別解体等と再資源化等が義務付けられているのは，特定建設資材

問1 重要度 ★★★

廃棄物処理・リサイクルに関する我が国の法律及び国際条約に関する次の記述のうち，最も適切なものはどれか。

① 家電リサイクル法（特定家庭用機器再商品化法）では，エアコン，テレビ，洗濯機，冷蔵庫など一般家庭や事務所から排出された家電製品について，小売業者に消費者からの引取り及び引き取った廃家電の製造者等への引渡しを義務付けている。

② バーゼル条約（有害廃棄物の国境を越える移動及びその処分の規制に関するバーゼル条約）は，開発途上国から先進国へ有害廃棄物が輸出され，環境汚染を引き起こした事件を契機に採択されたものであるが，リサイクルが目的であれば，国境を越えて有害廃棄物を取引することは規制されてはいない。

③ 容器包装リサイクル法（容器包装に係る分別収集及び再

商品化の促進等に関する法律）では，PETボトル，スチール缶，アルミ缶の3品目のみについて，リサイクル（分別収集及び再商品化）のためのすべての費用を，商品を販売した事業者が負担することを義務付けている。

④ 建設リサイクル法（建設工事に係る資材の再資源化等に関する法律）では，特定建設資材を用いた建築物等に係る解体工事又はその施工に特定建設資材を使用する新築工事等の建設工事のすべてに対して，その発注者に対し，分別解体等及び再資源化等を行うことを義務付けている。

⑤ 循環型社会形成推進基本法は，焼却するごみの量を減らすことを目的にしており，3Rの中でもリサイクルを最優先とする社会の構築を目指した法律である。

（令和元年度（再試験） I－5－2）

解説 　解答①

① **適切**。記述のとおりです。

② **不適切**。バーゼル条約は，先進国から開発途上国へ有害廃棄物が輸出されたことが契機になっています。

③ **不適切**。容器包装リサイクル法では，ガラス製容器，PETボトル，紙製容器包装，プラスチック製容器包装の4品目について，事業者に再商品化の義務があると定めています。

④ **不適切**。建設リサイクル法では，発注者ではなく，受注者に実施義務があると定めています。

⑤ **不適切**。循環型社会形成推進基本法では，処理の優先順位を発生抑制，再使用，再生利用（リサイクル），熱回収，適正処分の順で法定化しています。

したがって，①が正解となります。

　環境保全，環境管理に関する次の記述のうち，最も不適切なものはどれか。

① 　我が国が提案し実施している二国間オフセット・クレジット制度とは，途上国への優れた低炭素技術等の普及や対策実施を通じ，実現した温室効果ガスの排出削減・吸収への我が国の貢献を定量的に評価し，我が国の削減目標の達成に活用する制度である。

② 　地球温暖化防止に向けた対策は大きく緩和策と適応策に分けられるが，適応策は地球温暖化の原因となる温室効果ガスの排出を削減して地球温暖化の進行を食い止め，大気中の温室効果ガス濃度を安定させる対策のことをいう。

③ 　カーボンフットプリントとは，食品や日用品等について，原料調達から製造・流通・販売・使用・廃棄の全過程を通じて排出される温室効果ガス量を二酸化炭素に換算し，「見える化」したものである。

④ 　製品に関するライフサイクルアセスメントとは，資源の採取から製造・使用・廃棄・輸送など全ての段階を通して環境影響を定量的，客観的に評価する手法をいう。

⑤ 　環境基本法に基づく環境基準とは，大気の汚染，水質の汚濁，土壌の汚染及び騒音に係る環境上の条件について，それぞれ，人の健康を保護し，及び生活環境を保全する上で維持されることが望ましい基準をいう。

(令和元年度　I－5－2)

解説　解答②

① , ③〜⑤ **適切**。記述のとおりです。

② **不適切**。設問は緩和策の説明となっています。適応策は，すでに起こりつつある，あるいは起こりうる地球温暖化による影響に対して，自然や人間関係のあり方を調整することです。

したがって，②が正解となります。

問3　　　　　　　　　　　　　　　　　　　　重要度 ★★★

事業者が行う環境に関連する活動に関する次の記述のうち，最も適切なものはどれか。

① グリーン購入とは，製品の原材料や事業活動に必要な資材を購入する際に，バイオマス（木材などの生物資源）から作られたものを優先的に購入することをいう。

② 環境報告書とは，大気汚染物質や水質汚濁物質を発生させる一定規模以上の装置の設置状況を，事業者が毎年地方自治体に届け出る報告書をいう。

③ 環境会計とは，事業活動における環境保全のためのコストやそれによって得られた効果を金額や物量で表す仕組みをいう。

④ 環境監査とは，事業活動において環境保全のために投資した経費が，税法上適切に処理されているかどうかについて，公認会計士が監査することをいう。

⑤ ライフサイクルアセスメントとは，企業の生産設備の周期的な更新の機会をとらえて，その設備の環境への影響の評価を行うことをいう。

（平成30年度　Ⅰ−5−2）

解説　解答③

① **不適切**。グリーン購入とは，バイオマスから作られた
　ものを優先的に購入するということではなく，必要性を
　よく考え，環境への負荷ができるだけ少ないものを選ん
　で購入することです。

② **不適切**。環境報告書は，情報開示などの透明性確保の
　観点から，事業者が環境保全に関する取り組みについて
　定期的に公表する報告書で，地方自治体への届け出義務
　はありません。

③ **適切**。環境会計は，環境保全への取り組み状況を可能
　な限り定量的に管理することで，事業経営を健全に保つ
　ツールとして有効とされています。

④ **不適切**。環境監査とは，事業者の環境管理の取り組み
　状況について，客観的な立場から点検を行うことです。

⑤ **不適切**。ライフサイクルアセスメントとは，製品およ
　びサービスにおける資源の採取から製品の製造，使用，
　リサイクル，廃棄，物流などに関するライフサイクル全
　般にわたっての総合的な環境負荷を客観的に評価するこ
　とをいいます。

したがって，③が正解となります。

問4
　　　　　　　　　　　　　　　　　　　重要度 ★★★

　環境管理に関する次のA〜Dの記述について，それぞれの
正誤の組合せとして，最も適切なものはどれか。

（A）　ある製品に関する資源の採取から製造，使用，廃棄，
　　輸送など全ての段階を通して環境影響を定量的かつ客観
　　的に評価する手法をライフサイクルアセスメントという。

(B) 公害防止のために必要な対策をとったり，汚された環境を元に戻したりするための費用は，汚染物質を出している者が負担すべきという考え方を汚染者負担原則という。

(C) 生産者が製品の生産・使用段階だけでなく，廃棄・リサイクル段階まで責任を負うという考え方を拡大生産者責任という。

(D) 事業活動において環境保全のために投資した経費が，税法上適切に処理されているかどうかについて，公認会計士が監査することを環境監査という。

	A	B	C	D
①	正	正	正	誤
②	誤	誤	誤	正
③	誤	正	正	誤
④	正	正	誤	正
⑤	正	誤	誤	誤

（平成29年度　I－5－1）

解説 解答①

(A) **正**。記述のとおりです。

(B) **正**。記述のとおりです。

(C) **正**。拡大生産者責任の考え方は，循環型社会形成推進基本法にも生産者の責務として定められています。

(D) **誤**。環境監査は，環境保全を考慮した事業活動の推進のために，企業の経営方針を環境面からチェックすることで，公認会計士が監査するものではありません。

したがって，①が正解となります。

生物多様性条約

生物の多様性に関する条約（生物多様性条約）は，①**生物多様性**の保全，②生物多様性の**構成要素**の持続可能な**利用**，③**遺伝資源**の利用から生ずる**利益**の公正かつ衡平な配分を目的とした国際条約です。日本は，1993年に条約を締結しました。

条約締約国による会議（通称：COP）がほぼ2年に1度のペースで行われており，2010年には第10回締約国会議（COP10）が愛知県名古屋市で開催されました。同会議では，2011年以降の新たな世界目標「**愛知目標**（愛知ターゲット）」，遺伝資源の利用と利益の公正な配分に関する国際的枠組みを取り決めた「**名古屋議定書**」が採択されました。

カルタヘナ議定書

カルタヘナ議定書は，正式名称を「生物の多様性に関する条約のバイオセーフティに関するカルタヘナ議定書」といい，**遺伝子組換え生物**等による生物多様性の保全および持続可能な利用への悪影響を防止するために，特に**国境を越える移動**に焦点を合わせ，移送，取り扱い，利用の手続きなどを義務付けた国際的な枠組みです。

これを受けて，日本では，遺伝子組換え生物等の使用等の規制による生物の多様性の確保に関する法律（通称：カルタヘナ法）が2004年に施行され，カルタヘナ議定書の的確かつ円滑な実施の確保を目的に，使用形態に応じた遺伝子組換え生物の使用などの規制，輸出入に関する手続きに関する措置などが定められました。

◤ 外来種（移入種）

外来種（移入種）とは，国外や国内の他地域から**人為的**（意図的または非意図的）に導入されることにより，本来の分布域を越えて生息または生育することとなる生物種をいいます。

生態系に著しい影響を及ぼす外来種によって，自然状態では生じ得なかった深刻な問題が生じています。

◤ 外来生物法

特定外来生物による生態系等に係る被害の防止に関する法律（外来生物法）は，特定外来生物による生態系等への被害の防止による，生物の多様性の確保，人の生命・身体の保護，**農林水産業**の健全な発展を目的として，2005年に施行された法律です。

問題を引き起こす**海外起源**の外来生物を特定外来生物として指定して，指定した生物の飼育，栽培，保管，運搬，輸入，譲渡，野外への放出などを規制し，被害を及ぼしていたり，及ぼすおそれがある特定外来生物については，必要に応じて**防除**を実施することとされています。

◤ ワシントン条約

ワシントン条約は，正式名称を「絶滅のおそれのある野生動植物の種の国際取引に関する条約」といい，絶滅のおそれのある野生動植物を**希少性**に応じて**3**ランクに分類し，これらの国際取引の**禁止**や**制限**を設けています。

☑生物多様性条約の目的は，①生物多様性の保全，②生物多様性の構成要素の持続可能な利用，③遺伝資源の利用から生ずる利益の公正かつ衡平な配分

☑カルタヘナ議定書は，遺伝子組換え生物に関して，特に国境を越える移動に焦点を合わせて規制を設けている

☑外来種（移入種）とは，人為的（意図的または非意図的）に導入される生物種

☑外来生物法では，海外起源の外来生物を特定外来生物として指定。必要に応じた防除の実施も定められている

問1　　　　　　　　　　　　　　　　　　　重要度 ★★★

生物多様性の保全に関する次の記述のうち，最も不適切なものはどれか。

① 生物多様性の保全及び持続可能な利用に悪影響を及ぼすおそれのある遺伝子組換え生物の移送，取扱い，利用の手続等について，国際的な枠組みに関する議定書が採択されている。
② 移入種（外来種）は在来の生物種や生態系に様々な影響を及ぼし，なかには在来種の駆逐を招くような重大な影響を与えるものもある。
③ 移入種問題は，生物多様性の保全上，最も重要な課題の1つとされているが，我が国では動物愛護の観点から，移

入種の駆除の対策は禁止されている。

④ 生物多様性条約は，1992年にリオデジャネイロで開催
された国連環境開発会議において署名のため開放され，所
定の要件を満たしたことから，翌年，発効した。

⑤ 生物多様性条約の目的は，生物の多様性の保全，その構
成要素の持続可能な利用及び遺伝資源の利用から生ずる利
益の公正かつ衡平な配分を実現することである。

（令和2年度　Ⅰ-5-2）

解説　解答③

生物多様性の保全に関する正誤問題です。

① **適切**。カルタヘナ議定書と呼ばれます。

② **適切**。移入種（外来種）によって，在来の自然環境や
野生生物に重大な影響を及ぼすケースが多く発生してい
ます。

③ **不適切**。特定外来生物による生態系等に係る被害の防
止に関する法律（通称，外来生物法）などにより，必要
に応じて国や自治体が野外などの外来生物の防除を行う
ことが定められています。

④ **適切**。正式名称「生物の多様性に関する条約」は，日
本も1993年に締結しました。

⑤ **適切**。条約の目的として明記されています。

したがって，③が正解となります。

気候変動枠組条約

気候変動に関する国際連合枠組条約（気候変動枠組条約）は，地球温暖化対策に関する国際的な協力を行っていくための国際的な枠組みを取り決めた条約です。1992年に採択され，1994年に発効しました。

気候系に対して危険な人為的干渉を及ぼすこととならない水準において大気中の**温室効果ガス**の濃度を安定化することをその究極的な目的としています。

この条約に基づき，1995年から毎年，気候変動枠組条約締約国会議（Conference of the Parties：**COP**）が開催されています。

締約国に温室効果ガスの排出・吸収目録の作成，地球温暖化対策のための国家計画の策定とその実施などに関して各種の義務を課しています。

パリ協定

パリ協定は，2015年の気候変動枠組条約締約国会議（**COP21**）で採択され，2016年に発効しました。すべての締結国が対象の，京都議定書に代わる2020年以降の温室効果ガス排出削減等のための新たな国際的な枠組みです。

「世界共通の長期目標として**2**℃目標の設定，さらに**1.5**℃に抑える努力の追求」「主要排出国を含むすべての国が削減目標を**5**年ごとに提出・更新」などが合意されました。

気候変動に関する政府間パネル（IPCC）

気候変動に関する政府間パネル（Intergovernmental

Panel on Climate Change：IPCC） は，**世界気象機関**
（WMO） と**国連環境計画（UNEP）** により1988年に設立さ
れた政府間組織です。

　その目的は，各国政府の気候変動に関する政策に科学的な
基礎を与えることで，定期的に報告書を作成し，気候変動に
関する最新の**科学的知見**の評価を提供しています。

　IPCCには，3つの作業部会と1つのタスクフォースが置か
れ，各国政府を通じて推薦された科学者が参加し，5～6年
ごとにその間の気候変動に関する科学研究から得られた最新
の知見を評価し，評価報告書にまとめて公表します。

　IPCCの報告書は，気候変動枠組条約をはじめとする国際
交渉や，国内政策のための基礎情報となっています。

┣ **IPCC第6次評価報告書**

　IPCC第6次評価報告書は，2021年に発表されました。
　主な報告内容は，以下のとおりです。

● 人間活動が大気・海洋および陸域を温暖化させてきたこと
　には疑う余地がない。

● 世界平均気温（2011～2020年）は，工業化前と比べて約
　1.09℃上昇。

● 今世紀末（2081～2100年）の年平均降水量は，1995～
　2014年と比べて，最大で**13%増加**するとの予測。

● 世界の平均海面水位は1901～2018年の間に約0.20m上昇。
　また，2100年までの世界平均海面水位上昇量は，1995～
　2014年と比べて，**0.28～1.01m**上昇するとの予測。

● 今後2000年の間に海面水位は最大で**22m**上昇する可能性
　がある。

☑気候変動に関する政府間パネル（IPCC）は，世界気象機関（WMO）と国連環境計画（UNEP）により1988年に設立された政府間組織

☑IPCCの目的は，各国政府の気候変動に関する政策に科学的な基礎を与えることで，定期的に報告書を作成し，気候変動に関する最新の科学的知見の評価を提供

☑IPCC第6次評価報告書は，2021年に発表され，その主な内容は，「人間活動が大気・海洋および陸域を温暖化させてきたことには疑う余地がない」「世界平均気温（2011～2020年）は，工業化前と比べて約1.09℃上昇」「今世紀末（2081～2100年）の年平均降水量は，1995～2014年と比べて，最大で13%増加するとの予測」「今後2000年の間に海面水位は最大で22m上昇する可能性がある」

問1   重要度 ★★★

気候変動に関する政府間パネル（IPCC）第6次評価報告書第1～3作業部会報告書政策決定者向け要約の内容に関する次の記述のうち，不適切なものはどれか。

① 人間の影響が大気，海洋及び陸域を温暖化させてきたことには疑う余地がない。

② 2011～2020年における世界平均気温は，工業化以前の状態の近似値とされる1850～1900年の値よりも約3℃高

かった。

③ 気候変動による影響として，気象や気候の極端現象の増加，生物多様性の喪失，土地・森林の劣化，海洋の酸性化，海面水位上昇などが挙げられる。

④ 気候変動に対する生態系及び人間の脆弱性は，社会経済的開発の形態などによって，地域間及び地域内で大幅に異なる。

⑤ 世界全体の正味の人為的な温室効果ガス排出量について，2010～2019年の期間の年間平均値は過去のどの10年の値よりも高かった。

（令和4年度　Ⅰ−5−1）

解説　**解答②**

気候変動に対する政府間パネル（IPCC）第6次評価報告書に関する正誤問題です。

① **適切**。記述のとおりです。

② **不適切**。評価報告書によれば，2011～2020年の世界平均気温は，1850～1900年の気温よりも1.09℃高かったとしています。

③ **適切**。記述のとおりです。

④ **適切**。記述のとおりです。

⑤ **適切**。記述のとおりです。

したがって，②が正解となります。

▶ 再生可能エネルギー

再生可能エネルギーは，理論上，永続的に利用することができる再生可能なエネルギー源を使用することにより生じるエネルギーの総称です。主なものに，**太陽光**，**風力**，**水力**，**地熱**，**太陽熱**，**バイオマス**，波力などがあります。

▶ 水素

水素は，利用時にCO_2を排出しないため，クリーンな**二次エネルギー**として注目されています。再生可能エネルギーから作る水素はさらにCO_2削減効果が期待できます。

水素の性質として，常温・常圧では無色・無臭の気体で，1気圧下で**−252.8℃**の極低温にすることで液体になり，その体積が**800**分の1に減少します。

水素の**重量当たりの発熱量**（141.9MJ/kg）はガソリンの約**3**倍になります。

▶ 二次電池

乾電池などの一次電池は，化学反応が進むに従って電気を起こす力が弱まり，やがて使用できなくなります。

これに対して二次電池は，**蓄電池**，あるいは**充電式電池**とも呼ばれているように，充電することによって繰り返し使うことが可能です。

このため二次電池は，非常時用の蓄電池として常備されたり，モバイル機器に使用されるなど，生活のいろいろな場面で用いられています。

二次電池には，リチウムイオン電池，ニッケル水素電池，

ニッケルカドミウム蓄電池，金属リチウム電池，ナトリウム
イオン電池，鉛蓄電池などの種類があります。

◤ 電気二重層キャパシタ

電気二重層キャパシタは，電極，電解液，セパレータで構
成されている**充放電サイクル寿命**に優れた蓄電デバイスで
す。この名称は，陰極，陽極の表面近くで発生する「**電気二
重層**」と呼ばれる物理現象が元となっています。

二次電池のように化学反応を伴わず，電気を電子のまま蓄
えることができるため短時間での充放電が可能で，そのため
充放電による劣化が少なく製品として長持ちするという特徴
を持っています。

現在いろいろな分野で使用されつつあり，一部の自動車に
も搭載されています。

◤ 燃料電池

燃料電池は，マンガン乾電池などの**一次電池**（使いきった
ら再使用することはできない）や，リチウムイオン電池など
の**二次電池**（繰り返し使用することが可能）とは異なり，水
素と酸素を電気化学反応させることにより，電気を継続的に
生み出すことが可能な，いわば発電装置です。

水に対して電圧をかけて水素と酸素に分解するという「**水
の電気分解**」とは逆の原理を用いており，化学反応によって
発生するエネルギーを直接電気エネルギーに変換するため，
エネルギー効率がよい上にクリーンな点が特徴といえます。

◤ コンバインドサイクル発電

コンバインドサイクル発電は，**ガスタービン**とその排気熱
を利用した**蒸気タービン**を組み合わせた発電方式で，CO_2の

排出量が低く，その効率の高さで注目されています。

▶ シェールガス

シェールガスは，従来のガス田ではないシェール層から採取される**天然ガス**で，非在来型資源と呼ばれ，新たなエネルギー源として生産が拡大しています。

▶ 揚水発電

揚水発電（揚水式水力発電）は，発電のために使う水を低い場所から高い場所に汲み上げ，その**位置エネルギー**を利用して電気をつくり出しています。

具体的には，発電所の高い場所と低い場所に大きな池をつくり，電気を多く必要とする昼間の時間帯は，高い場所に溜めた水を低い場所に落として発電します。発電に使った水は低い場所にある池に溜めておきます。

逆に電力需要の少ない夜には，電気を使って低い場所にある池から高い場所にある池に水を汲み上げます。

電気は，蓄えておくことが難しいエネルギーだといわれていますが，揚水発電は，電気エネルギーを水の位置エネルギーの形で蓄えておくシステムだといえます。

▶ 可採年数

可採年数は，ある資源が，今後何年間（今のレベルの）生産を続けることができるかを示すもので，

確認埋蔵量÷年間生産量

で求めます。

2020年における可採年数は，石炭：139.2年，石油：53.5年，天然ガス：48.8年，ウラン：114.9年となっています（BP統計2021）。

可採年数については，その数値の元となる確認埋蔵量が，新しい埋蔵物の発見や技術の進歩，そのときの価格の変動などの条件によって大きく増加する可能性があるなど，不確定な部分があるという点に注意する必要があります。

　なお，可採年数が「今後何年間（今のレベルの）生産を続けることができるか」を示すのに対して，「今後何年間（今のレベルの）消費を続けることができるか」を示す数値が**耐用年数**で，

　　確認埋蔵量÷年間消費量

で求めます。

確認埋蔵量

　埋蔵量は，地下資源の埋蔵量のうち，現在の価格で技術的，経済的に採掘することが可能な量（**埋蔵総量**）から，生産分を差し引いた量を表します。

　埋蔵量には，**推定埋蔵量**，**予想埋蔵量**，**確認埋蔵量**があります。推定埋蔵量は，回収できる可能性が50％以上，予想埋蔵量は，回収できる可能性が10％以上のものをいいます。

　確認埋蔵量は，回収できる可能性が90％以上で，一般的に「**埋蔵量**」といった場合は，確認埋蔵量のことをいいます。

　なお，埋蔵量が採掘可能な資源の量を表すのに対して，**資源量**は，実在している資源の量を表します。

発熱エネルギー

　石油，石炭，天然ガス，乾燥木材それぞれ1トンが完全燃焼したときの発熱エネルギーの大きさは，次のとおりとなります。

　　天然ガス＞石油＞石炭＞乾燥木材

☑水素は，常温・常圧では気体で，1気圧下で−252.8℃の極低温にすることで液体になり，その体積が800分の1に減少

☑水素の重量当たりの発熱量（141.9MJ/kg）はガソリンの約3倍

☑石油，石炭，天然ガス，乾燥木材それぞれ1トンが完全燃焼したときの発熱エネルギーの大きさは，天然ガス＞石油＞石炭＞乾燥木材の順

問1   重要度 ★★

　水素に関する次の記述の，　　　　に入る数値及び語句の組合せとして，適切なものはどれか。

　水素は燃焼後に水になるため，クリーンな二次エネルギーとして注目されている。水素の性質として，常温では気体であるが，1気圧の下で，　ア　℃まで冷やすと液体になる。液体水素になると，常温の水素ガスに比べてその体積は約　イ　になる。また，水素と酸素が反応すると熱が発生するが，その発熱量は　ウ　当たりの発熱量でみるとガソリンの発熱量よりも大きい。そして，水素を利用することで，鉄鉱石を還元して鉄に変えることもできる。コークスを使って鉄鉱石を還元する場合は二酸化炭素（CO_2）が発生するが，水素を使って鉄鉱石を還元する場合は，コークスを使う場合と比較してCO_2発生量の削減が可能である。なお，水素と鉄鉱石の反応は　エ　反応となる。

	ア	イ	ウ	エ
①	−162	1／600	重量	吸熱
②	−162	1／800	重量	発熱
③	−253	1／600	体積	発熱
④	−253	1／800	体積	発熱
⑤	−253	1／800	重量	吸熱

（令和4年度　Ⅰ−5−4）

■ 解説　**解答⑤**

　水素に関する穴埋め問題です。

　水素は−252.8℃の極低温で液化します。液体水素は水素ガスの1／800の体積になります。水素の重量当たりの発熱量（141.9MJ/kg）はガソリンの約3倍になります。コークスを使った鉄鉱石の還元は$2Fe_2O_3+3C \rightarrow 4Fe+3CO_2+$熱（発熱反応），水素を使った鉄鉱石の還元は$Fe_2O_3+3H_2+$熱$\rightarrow 2Fe+3H_2O$（吸熱反応）で表されます。

　したがって，（ア）**−253**，（イ）**1／800**，（ウ）**重量**，（エ）**吸熱**の語句，数値となり，**⑤**が正解となります。

問2　　　　　　　　　　　　　　　　　　　　重要度 ★★★

　エネルギー情勢に関する次の記述の，[　　]に入る数値又は語句の組合せとして，最も適切なものはどれか。

　日本の電源別発電電力量（一般電気事業用）のうち，原子力の占める割合は2010年度時点で[　ア　]％程度であった。しかし，福島第一原子力発電所の事故などの影響で，原子力に代わり天然ガスの利用が増えた。現代の天然ガス火力発電は，ガスタービン技術を取り入れた[　イ　]サイクルの実用化

などにより発電効率が高い。天然ガスは，米国において，非在来型資源のひとつである ウ ガスの生産が2005年以降顕著に拡大しており，日本も既に米国から ウ ガス由来の液化天然ガス（LNG）の輸入を始めている。

	ア	イ	ウ
①	30	コンバインド	シェール
②	20	コンバインド	シェール
③	20	再熱再生	シェール
④	30	コンバインド	タイトサンド
⑤	30	再熱再生	タイトサンド

（令和2年度　Ⅰ－5－4）

解説 解答①

エネルギーに関する穴埋め問題です。

（ア） **30**。2010年度の電源別発電電力量（電気事業連合会資料）では，原子力の占める割合は28.6％となっています。

（イ） **コンバインド**。ガスタービンとその排気熱を利用した蒸気タービンを組み合わせた発電方式のコンバインドサイクル発電がその効率の高さで注目されています。

（ウ） **シェール**。従来のガス田ではない場所（シェール層）から生産されることから非在来型資源と呼ばれ，新たなエネルギー源として生産が拡大しています。

したがって，①が正解となります。

問3   重要度 ★★★

(A) 原油，(B) 輸入一般炭，(C) 輸入 LNG（液化天然ガス），(D) 廃材（絶乾）を単位質量当たりの標準発熱量が大きい順に並べたとして，最も適切なものはどれか。ただし，標準発熱量は資源エネルギー庁エネルギー源別標準発熱量表による。

① A＞B＞C＞D
② B＞A＞D＞C
③ C＞A＞B＞D
④ C＞B＞D＞A
⑤ D＞C＞B＞A

（令和元年度（再試験） I－5－3）

解説 解答③

標準発熱量に関する問題です。

資源エネルギー庁エネルギー源別標準発熱量表によれば，それぞれの単位質量当たりの標準発熱量は，(A) 原油 38.26MJ，(B) 輸入一般炭26.08MJ，(C) 輸入 LNG（液化天然ガス）54.70MJ，(D) 廃材（絶乾）17.06MJ となっています。

したがって，大きい順に**C＞A＞B＞D**となり，③が正解となります。

◤ 科学史・技術史

　第5群では，例年，"科学史・技術史上の著名な人物と業績"に関する出題があります。歴史上の人物と業績は膨大なものがありますが，最近の出題傾向として繰り返し出題されるものが多く見られることから，ここでは過去10年間に出題された人物と業績を年代別に絞って取り上げます。

◤ 1600〜1700年代

- ガリレオ・ガリレイ
  天体望遠鏡を製作し天体観測に利用（1609年）
- ハレー
  周期彗星（ハレー彗星）の発見（1705年）
- トーマス・ニューコメン
  大気圧機関の発明（1712年）
- ジェームズ・ワット
  ワット式蒸気機関の発明（1769年），改良（1776年）
- ジェンナー
  種痘法の開発（1796年）

◤ 1800年代

- フリードリヒ・ヴェーラー
  尿素の人工的合成（1828年）
- ヘンリー・ベッセマー
  転炉法の開発（1856年）
- ダーウィン，ウォーレス
  進化の自然選択説の提唱（1859年）

- メンデレーエフ
  元素の周期律の発表（1869年）
- ハインリッヒ・R・ヘルツ
  電磁波の存在の実験的な確認（1887年）
- 志賀潔
  赤痢菌の発見（1897年）
- マリーおよびピエール・キュリー
  ラジウムおよびポロニウムの発見（1898年）

■ 1900年代

- ライト兄弟
  人類初の動力飛行に成功（1903年）
- ド・フォレスト
  三極真空管の発明（1906年）
- フリッツ・ハーバー
  アンモニアの工業的合成の基礎の確立（1908年）
- アインシュタイン
  一般相対性理論の提唱（1915年）
- 本多光太郎
  強力磁石鋼KS鋼の開発（1916年）
- ウォーレス・カロザース
  ナイロンの発明（1935年）
- オットー・ハーン
  原子核分裂の発見（1938年）
- ブラッテン，バーディーン，ショックレー
  トランジスタの発明（1948年）
- 福井謙一
  フロンティア電子理論の提唱（1952年）

☑年代順の並べ替え問題については，選択肢に注目してから解答を進める

☑年代順の選択肢は，例年，選択肢の最初と最後がほぼ2択になっているパターンが多いので，設問の業績から一番古いもの，一番新しいものがわかれば，設問中すべての業績の年代が不明でも，解答の絞り込みが可能

<u>問1</u> 　　　　　　　　　　　　　　重要度 ★★★

　次の（ア）～（オ）の科学史・技術史上の著名な業績を，年代の古い順から並べたものとして，適切なものはどれか。

　（ア）　ヘンリー・ベッセマーによる転炉法の開発

　（イ）　本多光太郎による強力磁石鋼KS鋼の開発

　（ウ）　ウォーレス・カロザースによるナイロンの開発

　（エ）　フリードリヒ・ヴェーラーによる尿素の人工的合成

　（オ）　志賀潔による赤痢菌の発見

　① 　アーエーイーオーウ

　② 　アーエーオーイーウ

　③ 　エーアーオーイーウ

　④ 　エーオーアーウーイ

　⑤ 　オーエーアーウーイ

（令和4年度　Ⅰ－5－6）

解説 解答③

(ア) ヘンリー・ベッセマーによる転炉法の開発は1856年です。

(イ) 本多光太郎による強力磁石鋼KS鋼の開発は1916年です。

(ウ) ウォーレス・カロザースによるナイロンの開発は1935年です。

(エ) フリードリヒ・ヴェーラーによる尿素の人工的合成は1828年です。

(オ) 志賀潔による赤痢菌の発見は1897年です。

したがって、年代の古い順から**エーアーオーイーウ**となり、③が正解となります。

問2　　　　　　　　　　　　　　　　　　重要度 ★★★

次の（ア）〜（オ）の，社会に大きな影響を与えた科学技術の成果を，年代の古い順から並べたものとして，最も適切なものはどれか。

(ア) フリッツ・ハーバーによるアンモニアの工業的合成の基礎の確立

(イ) オットー・ハーンによる原子核分裂の発見

(ウ) アレクサンダー・グラハム・ベルによる電話の発明

(エ) ハインリッヒ・ルドルフ・ヘルツによる電磁波の存在の実験的な確認

(オ) ジェームズ・ワットによる蒸気機関の改良

① アーオーウーエーイ

② ウーエーオーイーア

③ ウーオーアーエーイ

④ オーウーエーアーイ

⑤ オーエーウーイーア

（令和3年度　Ⅰ－5－5）

解説　解答④

(ア)　フリッツ・ハーバーによるアンモニアの工業的合成の基礎の確立は1908年です。

(イ)　オットー・ハーンによる原子核分裂の発見は1938年です。

(ウ)　アレクサンダー・グラハム・ベルによる電話の発明は1876年です。

(エ)　ハインリッヒ・ルドルフ・ヘルツによる電磁波の存在の実験的な確認は1887年です。

(オ)　ジェームズ・ワットによる蒸気機関の改良は1776年です。

したがって，年代の古い順から**オーウーエーアーイ**となり，④が正解となります。

問3

重要度 ★★★

次の（ア）～（オ）の科学史・技術史上の著名な業績を，古い順から並べたものとして，最も適切なものはどれか。

(ア)　マリー及びピエール・キュリーによるラジウム及びポロニウムの発見

(イ)　ジェンナーによる種痘法の開発

(ウ)　ブラッテン，バーディーン，ショックレーによるトランジスタの発明

(エ) メンデレーエフによる元素の周期律の発表

(オ) ド・フォレストによる三極真空管の発明

① イーエーアーオーウ

② イーエーオーウーア

③ イーオーエーアーウ

④ エーイーオーアーウ

⑤ エーオーイーアーウ

（令和2年度　I－5－6）

解説　解答①

(ア) マリーおよびピエール・キュリーによるラジウムおよびポロニウムの発見は1898年です。

(イ) ジェンナーによる種痘法の開発は1796年です。

(ウ) ブラッテン，バーディーン，ショックレーによるトランジスタの発明は1948年です。

(エ) メンデレーエフによる元素の周期律の発表は1869年です。

(オ) ド・フォレストによる三極真空管の発明は1906年です。

したがって，年代の古い順から**イーエーアーオーウ**となり，①が正解となります。

合格のためのチェックポイント

「環境・エネルギー・技術」は全カテゴリーの中でもやさしい
レベルで，ある程度，日常的な常識で解答できるものが毎年多
く含まれている。**過去問題に取り組むとともに，そこで登場し
た基本事項をしっかり押さえておけば，確実に加点が狙える。**

●環境
**過去問題を中心に環境関連の基本用語を学習する
特に地球温暖化問題，廃棄物・リサイクル対策について
押さえておく**
出題形式は，正誤または穴埋めの設問が多く，日常の知識内で対応で
きるものもある。地球温暖化問題，廃棄物・リサイクル対策を中
心に環境関連の基本用語を理解しておくのがポイント。

●エネルギー
**日本のエネルギー政策，発電比率，再生エネルギーの現
況と世界のエネルギー情勢を調べておく
エネルギー関連の換算問題は，単位に注意して対応する**
時事的な要素や換算計算など問題はやや難しいレベルのものもある
が，それ以外は比較的やさしいものが多く見られる。過去問題に加
えて，日本と世界のエネルギー情勢を入手しておくとよい。

●技術
科学技術史上の主な発見，年代，人物などを概観しておく
ここ数年間は著名人物の業績とその年代に関する出題がメインと
なっているので，科学技術史をひととおり振り返っておく。

第6章 適性科目

▶ 信用失墜行為の禁止（第44条）

> 技術士又は技術士補は，技術士若しくは技術士補の**信用**を傷つけ，又は技術士及び技術士補全体の**不名誉**となるような行為をしてはならない。

　信用失墜行為には，違法行為だけでなく，倫理的行為も含まれます。

▶ 技術士等の秘密保持義務（第45条）

> 技術士又は技術士補は，正当の理由がなく，その業務に関して知り得た**秘密**を漏らし，又は**盗用**してはならない。技術士又は技術士補でなくなった後においても，同様とする。

　秘密保持義務は，組織に所属する技術士の退職後においてもその制約を受けます。

▶ 技術士等の公益確保の責務（第45条の2）

> 技術士又は技術士補は，その業務を行うに当たっては，公共の**安全**，環境の**保全**その他の**公益**を害することのないよう努めなければならない。

　顧客や自ら所属する組織の利益だけでなく，公益（社会的

利益）への配慮を求めるものです。条文には,「公共の安全」,「環境の保全」が示されていますが,公益はこの2つに限定されるものではありません。

◤ 技術士の名称表示の場合の義務（第46条）

> 技術士は,その業務に関して技術士の名称を**表示**するときは,その**登録**を受けた技術部門を明示してするものとし,登録を受けていない技術部門を表示してはならない。

登録を受けていない技術部門を表示してはならないことはもちろんですが,業務に関して表示する場合には,登録を受けた部門まで表示する必要があります。

◤ 技術士補の業務の制限等（第47条第1項）

> 技術士補は,第2条第1項に規定する業務について技術士を**補助**する場合を除くほか,技術士補の名称を表示して当該業務を行ってはならない。

技術士補は,技術士を補助する業務であって,技術士に代わって主体的に業務を行うことはできません。

◤ 技術士の資質向上の責務（第47条の2）

> 技術士は,常に,その業務に関して有する**知識**及び**技能の水準**を向上させ,その他その**資質**の向上を図るよう努めなければならない。

- ☑信用を傷つけ，不名誉となる行為の禁止
- ☑秘密の漏えい，盗用の禁止
- ☑公益確保の責務
- ☑登録を受けた部門の明示
- ☑技術士補の業務の制限
- ☑資質向上への責務

問1　　　　　　　　　　　　　　　　　重要度 ★★★

技術士及び技術士補は，技術士法第4章（技術士等の義務）の規定の遵守を求められている。次に掲げる記述について，第4章の規定に照らして，正しいものは○，誤っているものは×として，適切な組合せはどれか。

- （ア）技術士等の秘密保持義務は，所属する組織の業務についてであり，退職後においてまでその制約を受けるものではない。
- （イ）技術は日々変化，進歩している。技術士は，名称表示している専門技術業務領域について能力開発することによって，業務領域を拡大することができる。
- （ウ）技術士等は，顧客から受けた業務を誠実に実施する義務を負っている。顧客の指示が如何なるものであっても，指示通りに実施しなければならない。

（エ） 技術士は，その業務に関して技術士の名称を表示する
　　　ときは，その登録を受けた技術部門を明示してするもの
　　　とし，登録を受けていない技術部門を表示してはならな
　　　い。

（オ） 技術士等は，その業務を行うに当たっては，公共の安
　　　全，環境の保全その他の公益を害することのないよう努
　　　めなければならないが，顧客の利益を害する場合は守秘
　　　義務を優先する必要がある。

（カ） 企業に所属している技術士補は，顧客がその専門分野
　　　の能力を認めた場合は，技術士補の名称を表示して技術
　　　士に代わって主体的に業務を行ってよい。

（キ） 技術士は，その登録を受けた技術部門に関しては，十
　　　分な知識及び技能を有しているので，その登録部門以外
　　　に関する知識及び技能の水準を重点的に向上させるよう
　　　努めなければならない。

	ア	イ	ウ	エ	オ	カ	キ
①	×	○	×	×	○	×	○
②	×	×	×	○	×	○	×
③	○	×	○	×	○	×	○
④	×	○	×	○	×	×	×
⑤	○	×	×	○	×	○	×

（令和4年度　Ⅱ-1）

解説　**解答④**

技術士法第4章に関する正誤問題です。

（ア）　×。退職後においても制約を受けます。

（イ）　○。記述のとおりです。

(ウ) ✕。顧客の指示が公益に反する場合は除きます。

(エ) ◯。記述のとおりです。

(オ) ✕。顧客の利益よりも公益を優先します。

(カ) ✕。技術士補が主体的に業務を行うことはできません。

(キ) ✕。自らの登録部門に関する知識や技能水準の向上に努める必要があります。

したがって、④が正解となります。

問2　　　　　　　　　　　　　　　　　　重要度 ★★★

技術士法第4章に関する次の記述の、[　　　]に入る語句の組合せとして、最も適切なものはどれか。

(信用失墜行為の禁止)

第44条　技術士又は技術士補は、技術士若しくは技術士補の信用を傷つけ、又は技術士及び技術士補全体の不名誉となるような行為をしてはならない。

(技術士等の秘密保持[ア])

第45条　技術士又は技術士補は、正当の理由がなく、その業務に関して知り得た秘密を漏らし、又は盗用してはならない。技術士又は技術士補でなくなった後においても、同様とする。

(技術士等の[イ]確保の[ウ])

第45条の2　技術士又は技術士補は、その業務を行うに当たっては、公共の安全、環境の保全その他の[イ]を害することのないよう努めなければならない。

(技術士の名称表示の場合の[ア])

第46条　技術士は、その業務に関して技術士の名称を表示

するときは，その登録を受けた エ を明示してするもの
とし，登録を受けていない エ を表示してはならない。
（技術士補の業務の オ 等）
第47条 技術士補は，第2条第1項に規定する業務について
技術士を補助する場合を除くほか，技術士補の名称を表示
して当該業務を行ってはならない。
2 前条の規定は，技術士補がその補助する技術士の業務に
関してする技術士補の名称の表示について カ する。
（技術士の キ 向上の ウ ）
第47条の2 技術士は，常に，その業務に関して有する知識
及び技能の水準を向上させ，その他その キ の向上を図
るよう努めなければならない。

	ア	イ	ウ	エ	オ	カ	キ
①	義務	公益	責務	技術部門	制限	準用	能力
②	責務	安全	義務	専門部門	制約	適用	能力
③	義務	公益	責務	技術部門	制約	適用	資質
④	責務	安全	義務	専門部門	制約	準用	資質
⑤	義務	公益	責務	技術部門	制限	準用	資質

（令和元年度 Ⅱ－1）

解説 解答⑤

技術士法第4章に関する穴埋め問題です。

選択肢にある語句それぞれは同義のものがありますが，条
文にある正確な語句を選択します。

したがって，（ア）**義務**，（イ）**公益**，（ウ）**責務**，（エ）**技
術部門**，（オ）**制限**，（カ）**準用**，（キ）**資質**の語句となり，
⑤が正解となります。

技術士倫理綱領

技術士倫理綱領は，公益社団法人日本技術士会が制定している内部規定で，前文と**10**項目の基本綱領からなります。

この綱領は基本的に技術士向けのものですが，各学協会が定めている倫理規程，倫理綱領，行動規範などに共通して見られる技術者の倫理的意思決定を行う上での基本的概念が含まれており，大いに参考になります。

技術士倫理綱領の前文

技術士倫理綱領の前文は以下のとおりです。

技術士は，科学技術の利用が社会や環境に重大な影響を与えることを十分に認識し，業務の履行を通して安全で持続可能な社会の実現など，公益の確保に貢献する。

技術士は，広く信頼を得てその使命を全うするため，本倫理綱領を遵守し，**品位**の向上と技術の**研鑽**に努め，**多角**的・**国際**的な視点に立ちつつ，公正・誠実を旨として自律的に行動する。

技術倫理綱領の10の基本綱領

技術士倫理綱領の基本綱領は以下のとおりです。

（安全・健康・福利の優先）
1. 技術士は，**公衆**の**安全**，**健康**及び**福利**を最優先する。
（持続可能な社会の実現）

2. 技術士は，地球環境の保全等，将来世代にわたって
   持続可能な社会の実現に貢献する。

（信用の保持）

3. 技術士は，品位の向上，信用の保持に努め，**専門職**
   にふさわしく行動する。

（有能性の重視）

4. 技術士は，自分や協業者の力量が及ぶ範囲で**確信**の
   持てる業務に携わる。

（真実性の確保）

5. 技術士は，報告，説明又は発表を，**客観的**で**事実**に
   基づいた情報を用いて行う。

（公正かつ誠実な履行）

6. 技術士は，**公正**な分析と判断に基づき，託された業
   務を**誠実**に履行する。

（秘密情報の保護）

7. 技術士は，業務上知り得た**秘密情報**を適切に管理
   し，定められた範囲でのみ使用する。

（法令等の遵守）

8. 技術士は，業務に関わる国・地域の**法令**等を遵守
   し，**文化**を尊重する。

（相互の尊重）

9. 技術士は，業務上の関係者と相互に信頼し，相手の
   立場を尊重して協力する。

（継続研鑽と人材育成）

10. 技術士は，専門分野の力量及び技術と社会が接す
    る領域の知識を常に高めるとともに，**人材育成**に努
    める。

☑公衆の利益とその他の利害関係者の利益が相反した場合は，公衆の安全，健康，福利を最優先する

☑報告，説明，発表は，客観的で事実に基づいた情報を用いて行う

☑公正な分析と判断に基づき，託された業務を誠実に履行する

☑業務上知り得た秘密情報を適切に管理し，定められた範囲でのみ使用する

☑専門分野の力量や技術と社会が接する領域の知識を常に高めるとともに，人材育成に努める

問1 　　　　　　　　　　　　　　重要度 ★★★

　さまざまな理工系学協会は，会員や学協会自身の倫理観の向上を目指して，倫理規程，倫理綱領を定め，公開しており，技術者の倫理的意思決定を行う上で参考になる。それらを踏まえた次の記述のうち，最も不適切なものはどれか。

① 技術者は，製品，技術および知的生産物に関して，その品質，信頼性，安全性，および環境保全に対する責任を有する。また，職務遂行においては常に公衆の安全，健康，福祉を最優先させる。

② 技術者は，研究・調査データの記録保存や厳正な取扱いを徹底し，ねつ造，改ざん，盗用などの不正行為をな

さず，加担しない。ただし，顧客から要求があった場合
は，要求に沿った多少のデータ修正を行ってもよい。

③ 技術者は，人種，性，年齢，地位，所属，思想・宗教
などによって個人を差別せず，個人の人権と人格を尊重
する。

④ 技術者は，不正行為を防止する公正なる環境の整備・
維持も重要な責務であることを自覚し，技術者コミュニ
ティおよび自らの所属組織の職務・研究環境を改善する
取り組みに積極的に参加する。

⑤ 技術者は，自己の専門知識と経験を生かして，将来を
担う技術者・研究者の指導・育成に努める。

（令和2年度　Ⅱ-2）

解説　解答②

技術者の倫理的意思決定に関する正誤問題です。

①，③～⑤　**適切**。記述のとおりです。

② **不適切**。たとえ顧客からの要求があった場合でも，
データの修正をすることは許されません。

したがって，②が正解となります。

問2　　　　　　　　　　　　　　　　　　重要度 ★★★

さまざまな工学系学協会が会員や学協会自身の倫理性向上
を目指し，倫理綱領や倫理規程等を制定している。それらを
踏まえた次の記述のうち，最も不適切なものはどれか。

① 技術者は，倫理綱領や倫理規程等に抵触する可能性が
ある場合，即時，無条件に情報を公開しなければならな

い。

② 技術者は，知識や技能の水準を向上させるとともに資質の向上を図るために，組織内のみならず，積極的に組織外の学協会などが主催する講習会などに参加するよう努めることが望ましい。

③ 技術者は，法や規制がない場合でも，公衆に対する危険を察知したならば，それに対応する責務がある。

④ 技術者は，自らが所属する組織において，倫理にかかわる問題を自由に話し合い，行動できる組織文化の醸成に努める。

⑤ 技術者に必要な資質能力には，専門的学識能力だけでなく，倫理的行動をとるために必要な能力も含まれる。

（平成30年度　Ⅱ－4）

解説　解答①

倫理綱領，倫理規程に関する正誤問題です。

① **不適切**。即時，無条件ではなく，利害関係者との協議などを踏まえた上で情報を公開すべきです。

②～⑤　**適切**。記述のとおりです。

したがって，①が正解となります。

問3　　　　　　　　　　　　　　　　　重要度 ★★★

現在，多くの技術系の団体や組織が倫理の重要性を認識することで，倫理綱領・倫理規程・行動規範等を作成し，それに準拠した行動をとることを成員に求めている。行動に関する次の（ア）～（オ）の記述について，現代におけるそうした技術系団体，組織の倫理綱領・倫理規程・行動規範等の多く

に含まれるものは○，含まれないものは×として，最も適切な組合せはどれか。

（ア） 職務遂行においては公衆の安全，健康，福利を最優先に考慮する。

（イ） 事実及び専門家としての知識と良心に基づく判断をする。

（ウ） 能力の継続的研鑽に努める。

（エ） 社会・公衆に対する説明責任を果たす。

（オ） 他者の知的成果，知的財産を尊重する。

	ア	イ	ウ	エ	オ
①	○	○	○	○	○
②	×	○	○	○	○
③	○	×	○	○	○
④	○	○	×	○	○
⑤	○	○	○	×	○

（平成28年度　Ⅱ−3）

解説 　解答①

倫理綱領，倫理規程，行動規範に関する正誤問題です。

（ア）〜（オ） までの設問は，すべて技術系団体，組織の倫理綱領，倫理規程，行動規範等に含まれ，○となります。

したがって，①が正解となります。

▶ 研究活動における不正行為への対応等に関するガイドライン

「研究活動における不正行為への対応等に関するガイドライン」（以下，ガイドライン）は，平成26年（2014年）8月に文部科学大臣決定として公表されたものです。

▶ 第1節第3項「研究活動における不正行為」

不正行為について，次のように解説しています。

> 研究活動における不正行為とは，研究者倫理に背馳し，1（研究活動）及び2（研究成果の発表）において，その本質ないし本来の趣旨を歪め，科学コミュニティの正常な科学的コミュニケーションを妨げる行為にほかならない。具体的には，得られたデータや結果の**捏造**，**改ざん**，及び他者の研究成果等の**盗用**が，不正行為に該当する。
>
> ※（ ）内は著者加筆。

このほかにも**二重投稿**，論文著作者の不適切な**オーサーシップ**も不正行為として認識されるとしています。

▶ 第1節第4項「不正行為に対する基本姿勢」

基本姿勢について，次のように解説しています。

> 研究活動における不正行為は，研究活動とその成果発表の本質に反するものであるという意味において，科学そのものに対する**背信**行為であり，また，人々の科学への信頼を揺るがし，科学の発展を妨げるものであることから，研究費の多

寡や出所の如何を問わず絶対に許されない。また，不正行為
は，研究者の科学者としての存在意義を自ら否定するもので
あり，自己破壊につながるものでもある。

　これらのことを個々の研究者はもとより，科学コミュニ
ティや研究機関，配分機関は理解して，不正行為に対して厳
しい姿勢で臨まなければならない。

■ 第2節「不正行為の事前防止のための取組」

　不正行為の事前防止のための取組として，「不正行為を抑
止する環境整備」「不正事案の一覧化公開」を示しています。
このうち環境整備では，**研究倫理**教育の実施による研究者倫
理の向上，大学などの研究機関における一定期間の研究デー
タの**保存・開示**の2点を挙げています。

■ 第3節「研究活動における特定不正行為への対応」

　ガイドラインでは，捏造，改ざん，盗用を特定不正行為と
して次のように示しています。

- ●捏造：**存在**しないデータ，研究結果などを作成すること
- ●改ざん：研究資料・機器・過程を変更する操作を行い，
  データ，研究活動によって得られた結果などを真正でない
  ものに**加工**すること
- ●盗用：他の研究者のアイディア，分析・解析方法，データ，
  研究結果，論文または用語を当該研究者の了解または適切
  な表示なく**流用**すること

■ 第4節「特定不正行為及び管理責任に対する措置」

　特定不正行為に対する研究者，研究機関への措置として，
「特定不正行為に係る競争的資金等の**返還**等」「競争的資金等
への申請及び参加資格の**制限**」を挙げています。

> ☑二重投稿や不適切なオーサーシップも不正行為に当たる

問1

重要度 ★★★

研究活動における不正行為は，研究活動とその成果発表の本質に反するものであるという意味において，科学そのものに対する背信行為であり，また，人々の科学への信頼を揺るがし，科学の発展を妨げるものであることから，研究費の多寡や出所の如何を問わず絶対に許されない。また，不正行為は，研究者の科学者としての存在意義を自ら否定するものであり，自己破壊につながるものでもある。

これらのことを個々の研究者はもとより，科学コミュニティや研究機関，競争的資金の配分機関は理解して，不正行為に対して厳しい姿勢で臨まなければならない。

「不正行為」に関する次の（ア）～（オ）の記述について，正しいものは○，誤っているものは×として，最も適切な組合せはどれか。

（ア） 故意又は研究者としてわきまえるべき基本的な注意義務を著しく怠ったことによる，投稿論文など発表された研究成果の中に示されたデータや調査結果等の捏造（ねつぞう），改ざん及び他者の研究経過等の盗用を「特定不正行為」という。

（イ） 特定不正行為が確認された研究活動に係る競争的資金等において，配分機関は，特定不正行為に関与したと認定された研究者及び研究機関に対し，事案に応じて，交

付決定の取消し等を行い，また，当該競争的資金等の配分の一部又は全部の返還を求めることができる。

(ウ) 他の学術誌等に既発表又は投稿中の論文と本質的に同じ論文を投稿する二重投稿，論文著作者が適正に公表されない不適切なオーサーシップなどは，研究者倫理に反する行為として認識されているが，不正行為ではない。

(エ) 不正行為に対する対応は，研究者の倫理と社会的責任の問題として，その防止と併せ，まずは研究者自らの規律，及び科学コミュニティ，研究機関の自立に基づく自浄作用としてなされなければならない。

(オ) 研究機関において，研究者等に求められる倫理規範を修得等させるための研究倫理教育を実施することは，研究者倫理を向上させることになるが，不正行為を事前に防止し，公正な研究活動を推進する環境整備とはならない。

	ア	イ	ウ	エ	オ
①	○	○	○	○	×
②	○	○	×	○	×
③	○	×	○	×	○
④	×	○	×	○	×
⑤	○	×	○	×	×

(平成28年度　Ⅱ-4)

解説 解答②

(ア) (イ) (エ) ○。記述のとおりです。

(ウ) ×。不正行為にも当たります。

(オ) ×。研究倫理教育の実施は，不正行為を事前に防止し，公正な研究活動を推進する環境整備となります。

したがって，②が正解となります。

▶ 製造物責任法

　製造物責任法は，製造物の**欠陥**によって人の**生命**，**身体**または**財産**に損害を被ったことを**証明**した場合に，被害者が製造会社などに対して損害賠償を求めることができる法律です。PL法とも呼ばれます。その損害が当該製造物についてのみ生じた場合は適用外となります。

▶ 対象となる製造物

　対象となる製造物は，「製造又は加工された**動産**」と定義され，不動産，未加工農林畜水産物，電気，ソフトウエアなどは該当しません。ただし，ソフトウエアを組み込んだ製造物は，この法律の対象と解される場合があります。

▶ 欠陥

　この法律で定義されている「欠陥」とは，当該製造物の特性や通常予見される使用形態などを考慮して，通常有すべき安全性を欠いていることをいいます。安全に直接関係のない単なる品質上の不具合はこの法律の対象外となります。具体的には，「**設計上の欠陥**」「**製造上の欠陥**」「**指示・警告上の欠陥**」の3つに分類されています。

　欠陥の存在は**被害者**側に証明責任があり，①製造物に欠陥が**存在**していたこと，②**損害**が発生したこと，③損害が製造物の**欠陥**により生じたことの3つの事実を被害者が明らかにすることが原則となります。そして，被害者は製造業者の故意・過失を立証しなくとも，欠陥の**存在**を立証できれば損害賠償を求めることができるとされています。

▶製造業者

この法律で対象となる「製造業者」の定義は以下のとおりで，単なる販売業者は原則として対象になりません。

①当該製造物を製造，加工，または**輸入**した者

②製造業者として当該製造物に氏名や商号，商標などの表示をした者

③当該製造物の製造，加工，輸入または販売の形態からみて，当該製造物の**実質的**な製造業者と認めることができる氏名などの表示をした者

▶免責事由

製造業者が次の2つの免責事由に該当し，それを証明した場合は賠償の責任が生じません。

①当該製造物をその製造業者が引き渡した時点における**科学**または**技術**に関する**知見**で欠陥を認識することができなかった場合

②当該製造物が他の製造物の部品または原材料として使用された場合に，その欠陥がもっぱら**当該他の製造物**の製造業者が行った設計に関する指示に従ったことにより生じ，かつ，その欠陥が生じたことについて過失がない場合

▶期限の制限

この法律に基づく損害賠償の請求権は，被害者が損害および賠償義務者を知ったときから**3**年，または製造業者が当該製造物を引き渡したときから**10**年を経過したときは時効消滅となります。ただし，身体に蓄積した場合に人の健康を害するような物質による損害，または一定の潜伏期間が経過した後に症状が現れる損害については，その損害が生じたときから起算するとしています。

☑ 対象となる製造物は，製造または加工された動産

☑ 不動産，未加工農林畜水産物，電気，ソフトウエアは対象外

☑ ソフトウエアを組み込んだ製造物は，対象と解される場合がある

☑ 欠陥とは，当該製造物の特性や通常予見される使用形態などを考慮して，通常有すべき安全性を欠いていること

☑ 被害者は，①製造物に欠陥が存在していたこと，②損害が発生したこと，③損害が製造物の欠陥により生じたことの3つの事実を明らかにする必要がある

☑ 製造業者には，輸入業者も含まれる

問1　　　　　　　　　　　　　　重要度 ★★★

　製造物責任法（PL法）は，製造物の欠陥により人の生命，身体又は財産に係る被害が生じた場合における製造業者等の損害賠償の責任について定めることにより，被害者の保護を図り，もって国民生活の安定向上と国民経済の健全な発展に寄与することを目的とする。次の（ア）～（ク）のうち，「PL法としての損害賠償責任」には該当しないものの数はどれか。なお，いずれの事例も時効期限内とする。

（ア）　家電量販店にて購入した冷蔵庫について，製造時に組み込まれた電源装置の欠陥により，発火して住宅に損害

が及んだ場合。

（イ）　建設会社が造成した土地付き建売住宅地の住宅について，不適切な基礎工事により，地盤が陥没して住居の一部が損壊した場合。

（ウ）　雑居ビルに設置されたエスカレータ設備について，工場製造時の欠陥により，入居者が転倒して怪我をした場合。

（エ）　電力会社の電力系統について，発生した変動（周波数）により，一部の工場設備が停止して製造中の製品が損傷を受けた場合。

（オ）　産業用ロボット製造会社が製作販売した作業ロボットについて，製造時に組み込まれた制御用専用ソフトウエアの欠陥により，アームが暴走して工場作業者が怪我をした場合。

（カ）　大学ベンチャー企業が国内のある湾で自然養殖し，一般家庭へ直接出荷販売した活魚について，養殖場のある湾内に発生した菌の汚染により，集団食中毒が発生した場合。

（キ）　輸入業者が輸入したイタリア産の生ハムについて，イタリアでの加工処理設備の欠陥により，消費者の健康に害を及ぼした場合。

（ク）　マンションの管理組合が保守点検を発注したエレベータについて，その保守専門業者の作業ミスによる不具合により，その作業終了後の住民使用開始時に住民が死亡した場合。

① 1　　② 2　　③ 3　　④ 4　　⑤ 5

（令和4年度　Ⅱ－11）

解説　解答④

製造物責任法（PL法）に関する問題です。

（ア）　○。該当する事例です。

（イ）　×。不動産は同法の対象外です。

（ウ）　○。該当する事例です。

（エ）　×。電気は同法の対象外です。

（オ）　○。該当する事例です。ソフトウエア自体は同法の
　　　　対象外ですが，ソフトウエアを組み込んだ製造物につ
　　　　いては同法の対象と解されます。

（カ）　×。未加工水産物は同法の対象外です。

（キ）　○。該当する事例です。

（ク）　×。保守による作業ミスは同法の対象外です。

したがって，該当しないものの数は**4**となり，④が正解と
なります。

問2　　　　　　　　　　　　　　　重要度 ★★★

　我が国の「製造物責任法（PL法）」に関する次の記述のう
ち，最も不適切なものはどれか。

① この法律は，製造物の欠陥により人の生命，身体又は
財産に係る被害が生じた場合における製造業者等の損害
賠償の責任について定めることにより，被害者の保護を
図り，もって国民生活の安定向上と国民経済の健全な発
展に寄与することを目的としている。

② この法律において，製造物の欠陥に起因する損害につ
いての賠償責任を製造業者等に対して追及するために
は，製造業者等の故意あるいは過失の有無は関係なく，

その欠陥と損害の間に相当因果関係が存在することを証明する必要がある。

③　この法律には「開発危険の抗弁」という免責事由に関する条項がある。これにより，当該製造物を引き渡した時点における科学・技術知識の水準で，欠陥があることを認識することが不可能であったことを製造事業者等が証明できれば免責される。

④　この法律に特段の定めがない製造物の欠陥による製造業者等の損害賠償の責任については，民法の規定が適用される。

⑤　この法律は，国際的に統一された共通の規定内容であるので，海外に製品を輸出，現地生産等の際には我が国のPL法の規定に基づけばよい。

（令和2年度　Ⅱ−6）

解説　解答⑤

製造物責任法に関する正誤問題です。

①〜④　**適切**。記述のとおりです。

⑤　**不適切**。製造物責任法は日本国内の法律であり，国際的に統一された共通の規定内容ではありません。

したがって，⑤が正解となります。

公益通報者保護法

公益通報者保護法は，**公益通報者**の保護を図るとともに，国民の生命，身体，財産その他の利益の保護にかかわる法令の遵守を図り，もって国民生活の安定および社会経済の健全な発展に資することを目的とした法律です。

公益通報

同法において「公益通報」とは，労働者（公務員を含む），1年以内の退職者，役員が，不正の目的でなく，役務提供先などについて，**通報対象事実**が生じまたは生じようとする旨を，**通報先**に通報することと定義されています。

通報対象事実

同法における「通報対象事実」は，個人の生命または身体の保護，消費者の利益の擁護，環境の保全，公正な競争の確保，その他国民の生命，身体，財産その他の**利益の保護**にかかわる法律に規定する罪の犯罪行為の事実等と定義されています。

これらにかかわる法律としては，刑法，食品衛生法，金融商品取引法，JAS法，大気汚染防止法，廃棄物処理法，個人情報保護法，その他政令で定める法律（独占禁止法，道路運送車両法など）を挙げています。

公益通報者の保護

保護要件を満たして「公益通報」した者（公益通報者）は，以下の保護を受けるとしています。

①公益通報をしたことを理由として事業者が公益通報者に対して行った**解雇**は無効になる

②公益通報をしたことを理由として事業者が公益通報者に対して解雇以外の**不利益**な取扱いを行うことも禁止されている

③公益通報をしたことを理由として事業者が公益通報者に対して**損害**の**賠償**を請求することはできない

▶ 通報先と保護要件

通報先別に保護要件を次のように定義しています。

①事業者内部（いわゆる内部通報）

通報対象事実が生じ，または**生じよう**としていると**思料**する場合

②通報対象事実について処分・勧告などをする権限を有する行政機関

通報対象事実が生じ，または**生じよう**としていると**信ずるに足りる**相当の理由がある場合

③事業者外部（通報対象事実の発生またはこれによる被害の拡大を防止するために必要であると認められる者，報道機関など）

②の要件に加えて，一定の要件（内部通報では**証拠隠滅**，**偽造**，**変造**のおそれがあること，内部通報後**20日以内**に調査を行う旨の通知がないこと，人の生命・身体への危害が発生する**急迫した危険**があることなど）を満たす場合

☑事業者内部（いわゆる内部通報）への通報は，通報対象事実が生じ，または生じようとしていると思料する場合であれば保護される

☑行政機関への通報は，通報対象事実が生じ，または生じようとしていると信ずるに足りる相当の理由が必要

☑事業者外部への通報は，さらに一定の要件（内部通報では証拠隠滅，偽造，変造のおそれがあること，内部通報後20日以内に調査を行う旨の通知がないこと，人の生命・身体への危害が発生する急迫した危険があることなど）を満たす必要がある

☑同法の「労働者」には，公務員も含まれる

☑公益通報者の保護として，①解雇の無効，②解雇以外の不利益な取扱いの禁止，③損害賠償の制限がある

問1　　　　　　　　　　　　　　**重要度 ★★★**

　公益通報（警笛鳴らし（Whistle Blowing）とも呼ばれる）が許される条件に関する次の（ア）〜（エ）の記述について，正しいものは○，誤っているものは×として，最も適切な組合せはどれか。

（ア）　従業員が製品のユーザーや一般大衆に深刻な被害が及ぶと認めた場合には，まず直属の上司にそのことを報告し，自己の道徳的懸念を伝えるべきである。

(イ) 直属の上司が，自己の懸念や訴えに対して何ら有効な
ことを行わなかった場合には，即座に外部に現状を知ら
せるべきである。

(ウ) 内部告発者は，予防原則を重視し，その企業の製品あ
るいは業務が，一般大衆，又はその製品のユーザーに，
深刻で可能性が高い危険を引き起こすと予見される場合
には，合理的で公平な第三者に確信させるだけの証拠を
持っていなくとも，外部に現状を知らせなければならな
い。

(エ) 従業員は，外部に公表することによって必要な変化が
もたらされると信じるに足るだけの十分な理由を持たね
ばならない。成功をおさめる可能性は，個人が負うリス
クとその人に振りかかる危険に見合うものでなければな
らない。

	ア	イ	ウ	エ
①	×	○	×	○
②	○	×	○	×
③	○	×	×	○
④	×	×	○	○
⑤	○	○	×	×

(令和元年度（再試験） Ⅱ－5)

解説　解答③

公益通報に関する正誤問題です。

(ア) ○。記述のとおりです。

(イ) ×。即座に外部ではなく，原則として，企業内部，
行政機関，外部への通報の順となります。

（ウ）　×。通報対象事実を裏付ける証拠や関係者による信用性の高い供述などの根拠が必要となります。

（エ）　○。記述のとおりです。

したがって，③が正解となります。

問2　　　　　　　　　　　　　重要度 ★★★

2004年，公益通報者を保護するために，公益通報者保護法が制定された。公益通報には，事業者内部に通報する内部通報と行政機関及び企業外部に通報する外部通報としての内部告発とがある。企業不祥事を告発することは，企業内のガバナンスを引き締め，消費者や社会全体の利益につながる側面を持っているが，同時に，企業の名誉・信用を失う行為として懲戒処分の対象となる側面も持っている。

公益通報者保護法に関する次の記述のうち，最も不適切なものはどれか。

① 公益通報者保護法が保護する公益通報は，不正の目的ではなく，労務提供先等について「通報対象事実」が生じ，又は生じようとする旨を，「通報先」に通報することである。

② 公益通報者保護法は，保護要件を満たして「公益通報」した通報者が，解雇その他の不利益な取扱を受けないようにする目的で制定された。

③ 公益通報者保護法が保護する対象は，公益通報した労働者で，労働者には公務員は含まれない。

④ 保護要件は，事業者内部（内部通報）に通報する場合に比較して，行政機関や事業者外部に通報する場合は，保護するための要件が厳しくなるなど，通報者が通報す

る通報先によって異なっている。

⑤ マスコミなどの外部に通報する場合は，通報対象事実が生じ，又は生じようとしていると信じるに足りる相当の理由があること，通報対象事実を通報することによって発生又は被害拡大が防止できることに加えて，事業者に公益通報したにもかかわらず期日内に当該通報対象事実について当該労務提供先等から調査を行う旨の通知がないこと，内部通報や行政機関への通報では危害発生や緊迫した危険を防ぐことができないなどの要件が求められる。

（平成30年度　Ⅱ-8）

解説　解答③

公益通報者保護法に関する正誤問題です。

① **適切**。記述のとおりです。

② **適切**。記述のとおりです。

③ **不適切**。労働者には公務員も含まれます。

④ **適切**。記述のとおりです。

⑤ **適切**。記述のとおりです。

したがって，③が正解となります。

個人情報保護法

個人情報保護法は，正式名称を「個人情報の保護に関する法律」といい，高度情報通信社会の進展に伴い個人情報の利用が著しく拡大していることに鑑み，個人情報の**有用性**に配慮しつつ，個人の**権利利益**を保護することを目的とした法律です。

個人情報

同法における「個人情報」とは，**生存**する個人に関する情報であって，氏名，生年月日その他の記述などにより**特定の個人を識別**できるもの（他の情報と容易に照合することができ，それにより特定の個人を識別することができることとなるものを含む）をいいます。メールアドレスについても，ユーザー名やドメイン名から特定の個人を識別できる場合は，個人情報に該当します。

個人識別符号も個人情報に当たります。①生体情報を変換した符号として，DNA，顔，虹彩，声紋，歩行の態様，手指の静脈，指紋・掌紋，②公的な番号として，パスポート番号，基礎年金番号，免許証番号，住民票コード，マイナンバー，各種保険証等が個人識別に当たります。

また，個人情報をデータベース化した場合，そのデータベースを構成する個人情報を，特に「**個人データ**」といい，そのうち，事業者が開示・訂正・削除などの権限を有する個人情報を，特に「**保有個人データ**」といいます。

個人情報取扱事業者

同法における「個人情報取扱事業者」とは，個人情報デー

タベース（紙媒体，電子媒体を問わず，特定の個人情報を検索できるように体系的に構成したもの）などを**事業活動**に利用している者のことをいい，取り扱う個人情報の数にかかわらず，各種義務が課されています。個人情報取扱事業者には，企業に限らず，マンションの管理組合，NPO法人，自治会や同窓会などの非営利組織も含まれます。ただし，国の機関，地方公共団体，独立行政法人等，地方独立行政法人は該当しません。

◤個人情報取扱事業者の義務

　個人情報取扱事業者には，次のような義務が定められています。

①利用目的の特定

　取得した個人情報は，特定した利用目的の範囲内で利用する必要があります。範囲以外のことに利用する場合は，あらかじめ**本人の同意**を得なければなりません。

②安全管理措置，従業者や委託先の監督

　個人データの漏えいや滅失を防ぐために必要かつ適切な**保護措置**を講じる必要があります。また，安全にデータを管理するため，従業者や委託先に対して必要かつ適切な**監督**を行わなければなりません。

③第三者提供の制限

　原則としてあらかじめ**本人の同意**を得ずに本人以外の者に個人データを提供することは禁止されています。

④開示請求，苦情への対応

　本人から保有個人データの開示請求を受けた場合はこれに対応しなければなりません。また，個人情報の取り扱いに関する苦情等には，**適切・迅速に対応**するよう努めることが必要です。

☑個人情報とは，生存する個人に関する情報であって，当該情報に含まれる氏名，生年月日その他の記述などにより特定の個人を識別できるもの

☑個人識別符号も個人情報に当たる

☑個人識別符号の例としては，①DNA，顔，虹彩，声紋，歩行の態様，手指の静脈，指紋・掌紋などの生体情報を変換した符号と，②パスポート番号，基礎年金番号，免許証番号，住民票コード，マイナンバー，各種保険等などの公的な番号がある

☑個人情報取扱事業者の義務は，①利用目的の特定，②安全管理措置，従業者や委託先の監督，③第三者提供の制限，④開示請求や苦情への対応がある。

<u>問 1</u>　　　　　　　　　　　　　　　　　　　**重要度 ★★★**

　個人情報の保護に関する法律（以下，個人情報保護法と呼ぶ）は，利用者や消費者が安心できるように，企業や団体に個人情報をきちんと大切に扱ってもらったうえで，有効に活用できるよう共通のルールを定めた法律である。

　個人情報保護法に基づき，個人情報の取り扱いに関する次の（ア）～（エ）の記述のうち，正しいものは○，誤っているものは×として，最も適切な組合せはどれか。

（ア）　学習塾で，生徒同士のトラブルが発生し，生徒Aが生徒Bにケガをさせてしまった。生徒Aの保護者は生徒B

とその保護者に謝罪するため，生徒Bの連絡先を教えて欲しいと学習塾に尋ねてきた。学習塾では，「謝罪したい」という理由を踏まえ，生徒名簿に記載されている生徒Bとその保護者の氏名，住所，電話番号を伝えた。

(イ) クレジットカード会社に対し，カードホルダーから「請求に誤りがあるようなので確認して欲しい」との照会があり，クレジット会社が調査を行った結果，処理を誤った加盟店があることが判明した。クレジットカード会社は，当該加盟店に対し，直接カードホルダーに請求を誤った経緯等を説明するよう依頼するため，カードホルダーの連絡先を伝えた。

(ウ) 小売店を営んでおり，人手不足のためアルバイトを募集していたが，なかなか人が集まらなかった。そのため，店のポイントプログラムに登録している顧客をアルバイトに勧誘しようと思い，事前にその顧客の同意を得ることなく，登録された電話番号に電話をかけた。

(エ) 顧客の氏名，連絡先，購入履歴等を顧客リストとして作成し，新商品やセールの案内に活用しているが，複数の顧客にイベントの案内を電子メールで知らせる際に，CC（Carbon Copy）に顧客のメールアドレスを入力し，一斉送信した。

	ア	イ	ウ	エ
①	○	×	×	×
②	×	○	×	×
③	×	×	○	×
④	×	×	×	○
⑤	×	×	×	×

（令和3年度　Ⅱ-14）

個人情報保護法に関する正誤問題です。

（ア）〜（エ）　×。いずれも当事者本人の同意がない状態での情報開示であり，個人情報の取り扱いとして誤っています。

したがって，⑤が正解となります。

問2　　　　　　　　　　　　　　　　　　　　重要度 ★★★

個人情報保護法は，高度情報通信社会の進展に伴い個人情報の利用が著しく拡大していることに鑑み，個人情報の適正な取扱に関し，基本理念及び政府による基本方針の作成その他の個人情報の保護に関する施策の基本となる事項を定め，国及び地方公共団体の責務等を明らかにするとともに，個人情報を取扱う事業者の遵守すべき義務等を定めることにより，個人情報の適正かつ効果的な活用が新たな産業の創出並びに活力ある経済社会及び豊かな国民生活の実現に資するものであることその他の個人情報の有用性に配慮しつつ，個人の権利利益を保護することを目的としている。

法では，個人情報の定義の明確化として，①指紋データや顔認識データのような，個人の身体の一部の特徴を電子計算機の用に供するために変換した文字，番号，記号その他の符号，②旅券番号や運転免許証番号のような，個人に割り当てられた文字，番号，記号その他の符号が「個人識別符号」として，「個人情報」に位置付けられる。

次に示す（ア）〜（キ）のうち，個人識別符号に含まれないものの数はどれか。

（ア）　DNAを構成する塩基の配列

（イ）　顔の骨格及び皮膚の色並びに目，鼻，口その他の顔の
　　　　部位の位置及び形状によって定まる容貌
（ウ）　虹彩の表面の起伏により形成される線状の模様
（エ）　発声の際の声帯の振動，声門の開閉並びに声道の形状
　　　　及びその変化
（オ）　歩行の際の姿勢及び両腕の動作，歩幅その他の歩行の
　　　　態様
（カ）　手のひら又は手の甲若しくは指の皮下の静脈の分岐及
　　　　び端点によって定まるその静脈の形状
（キ）　指紋又は掌紋

　　①　0　　　②　1　　　③　2　　　④　3　　　⑤　4

（令和元年度　Ⅱ－4）

解説　**解答①**

　平成29年5月から全面施行された改正個人情報保護法にお
いて，身体的な特徴を示す情報として個人識別符号に該当す
るものを定めて，個人情報に含まれることを明確化していま
す。選択肢（ア）～（キ）はいずれも個人識別符号に含まれて
います。

　したがって，含まれないものの数は0となり，①が正解と
なります。

知的財産権制度

知的財産権制度とは，知的創造活動によって生み出されたものを，創作した人の財産として保護するための制度です。日本では，「**知的財産**」と「**知的財産権**」について，知的財産基本法に定められています。

知的財産

知的財産とは，発明，考案，植物の新品種，意匠，著作物その他の人間の**創造的活動**により生み出されるもの（発見または解明がされた自然の法則または現象であって，産業上の利用可能性があるものを含む），商標，商号その他**事業活動**に用いられる商品または役務を表示するものおよび営業秘密その他の事業活動に有用な技術上または営業上の情報と定義されています。

知的財産権

知的財産権は，創作意欲の促進を目的とした「知的創造物についての権利」と，使用者の信用維持を目的とした「営業上の標識についての権利」に大別されます。前者の権利には，**特許権（特許法）**，**実用新案権（実用新案法）**，**意匠権（意匠法）**，**著作権（著作権法）**，回路配置利用権（半導体集積回路の回路配置に関する法律），育成者権（種苗法），営業秘密（不正競争防止法）があります。後者の権利には，**商標権（商標法）**，**商号（商法）**があります。

産業財産権

知的財産権のうち，**特許権**，**実用新案権**，**意匠権**，**商標権**の4つを産業財産権といいます。これらは，出願（申請，登録など）の**手続き**により権利を取得する必要があります。

著作権

著作権法は著作者等の権利の保護を図り，文化の発展に寄与することを目的とし，著作者は著作物を創作する者をいいます。著作物とは，思想または感情を創作的に表現したものであって，文芸，学術，美術または音楽の範囲に属するものをいいます。コンピュータのプログラムなども著作物に含まれますが，単なるデータベースやノウハウは含まれません。産業財産権のような手続きの必要がなく，著作物の**創作と同時に生じる**権利です。

著作者人格権

著作権法では，著作者人格権が定められています。著作者人格権には，**公表権**，**氏名表示権**，**同一性保持権**の3つがあります。

著作物の引用

著作物の引用は，著作権法で認められています。同法では，一定の例外的な場合に著作権などを制限して，著作権者に許諾を得ることなく利用できることを定めています。ただし，その場合でも**出所**の明示，**目的上正当な範囲内**での使用などの条件があります。また，転載を禁止する表示がある場合は制限されます。同法では，外国語の原文を日本語にするなど**翻訳して引用**することも可能としています。

☑知的財産権には，特許権，実用新案権，意匠権，著作権，回路配置利用権，育成者権，商標権，商号，営業秘密（不正競争防止法関連）がある

☑知的財産権のうち，特許権，実用新案権，意匠権，商標権の4つを産業財産権という

問1 重要度 ★★★

　知的財産を理解することは，ものづくりに携わる技術者にとって非常に大事なことである。知的財産の特徴の1つとして「財産的価値を有する情報」であることが挙げられる。情報は，容易に模倣されるという特質を持っており，しかも利用されることにより消費されるということがないため，多くの者が同時に利用することができる。こうしたことから知的財産権制度は，創作者の権利を保護するため，元来自由利用できる情報を，社会が必要とする限度で自由を制限する制度ということができる。

　次の（ア）〜（オ）のうち，知的財産権のなかの知的創作物についての権利等に含まれるものを○，含まれないものを×として，正しい組合せはどれか。

（ア）　特許権（特許法）
（イ）　実用新案権（実用新案法）
（ウ）　意匠権（意匠法）
（エ）　著作権（著作権法）

（オ）　営業秘密（不正競争防止法）

	ア	イ	ウ	エ	オ
①	○	×	○	○	○
②	○	○	×	○	○
③	○	○	○	×	○
④	○	○	○	○	×
⑤	○	○	○	○	○

（令和4年度　Ⅱ-9）

解説　解答⑤

知的財産権に関する問題です。

（ア）〜（オ）　**○**。**特許権**, **実用新案権**, **意匠権**, **著作権**, **営業秘密**はいずれも知的財産権のなかの知的創作物についての権利等に含まれます。

したがって，⑤が正解となります。

問2　　　　　　　　　　　　　　　重要度 ★★★

ものづくりに携わる技術者にとって，知的財産を理解することは非常に大事なことである。知的財産の特徴の一つとして，「もの」とは異なり「財産的価値を有する情報」であることが挙げられる。情報は，容易に模倣されるという特質をもっており，しかも利用されることにより消費されるということがないため，多くの者が同時に利用することができる。こうしたことから知的財産権制度は，創作者の権利を保護するため，元来自由利用できる情報を，社会が必要とする限度で自由を制限する制度ということができる。

以下に示す（ア）〜（コ）の知的財産権のうち，産業財産権

に含まれないものの数はどれか。

(ア) 特許権（発明の保護）

(イ) 実用新案権（物品の形状等の考案の保護）

(ウ) 意匠権（物品のデザインの保護）

(エ) 著作権（文芸，学術等の作品の保護）

(オ) 回路配置利用権（半導体集積回路の回路配置利用の保護）

(カ) 育成者権（植物の新品種の保護）

(キ) 営業秘密（ノウハウや顧客リストの盗用など不正競争行為を規制）

(ク) 商標権（商品・サービスで使用するマークの保護）

(ケ) 商号（商号の保護）

(コ) 商品等表示（不正競争防止法）

① 4 ② 5 ③ 6 ④ 7 ⑤ 8

（令和2年度　Ⅱ-5）

解説 解答③

産業財産権制度に関する問題です。

知的財産権のうち，特許権，実用新案権，意匠権，商標権の4つを産業財産権といいます。

したがって，産業財産権に含まれないものの数は**6**となり，③が正解となります。

問3   重要度 ★★★

産業財産権制度は，新しい技術，新しいデザイン，ネーミ

ングなどについて独占権を与え，模倣防止のために保護し，研究開発へのインセンティブを付与したり，取引上の信用を維持することによって，産業の発展を図ることを目的にしている。これらの権利は，特許庁に出願し，登録することによって，一定期間，独占的に実施（使用）することができる。

従来型の経営資源である人・物・金を活用して利益を確保する手法に加え，産業財産権を最大限に活用して利益を確保する手法について熟知することは，今や経営者及び技術者にとって必須の事項といえる。

産業財産権の取得は，利益を確保するための手段であって目的ではなく，取得後どのように活用して利益を確保するかを，研究開発時や出願時などのあらゆる節目で十分に考えておくことが重要である。

次の知的財産権のうち，「産業財産権」に含まれないものはどれか。

① 特許権
② 実用新案権
③ 意匠権
④ 商標権
⑤ 育成者権

（令和元年度　Ⅱ-5）

解説 　**解答⑤**

知的財産権のうち，**特許権，実用新案権，意匠権，商標権**の4つを産業財産権といいます。

したがって，⑤が正解となります。

■ セクシュアルハラスメント

雇用の分野における男女の均等な機会及び待遇の確保等に関する法律（男女雇用機会均等法）では，職場におけるセクシュアルハラスメントの対象を男女労働者とするとともに，その防止のため，労働者からの相談に応じ，適切に対応するために必要な体制の整備をはじめ，その他の雇用管理上必要な措置を講ずることを**事業主**に義務付けています。

■ 職場におけるセクシュアルハラスメント

職場におけるセクシュアルハラスメントは，「**職場**」において行われる，「**労働者**」の意に反する「**性的な言動**」に対する労働者の対応によりその労働者が労働条件について不利益を受けたり，「**性的な言動**」により就業環境が害されたりすることです。

■ 職場，労働者，性的な言動

職場には，労働者が通常就業している場所以外の場所であっても，労働者が**業務を遂行する場所**であれば職場に含まれます。勤務時間外の宴会などであっても，実質上職務の延長と考えられるものは職場に該当します。

労働者とは正規労働者のみならず，非正規労働者を含む，事業主が雇用する**労働者のすべて**をいいます。派遣労働者については，派遣元事業主のみならず，労働者派遣の役務の提供を受ける者（派遣先事業主）も，自ら雇用する労働者と同様に，措置を講ずる必要があります。

性的な言動とは，性的な内容の発言および性的な行動を指

します。事業主，上司，同僚に限らず，取引先，顧客，患者，学校における教員・生徒などもセクシュアルハラスメントの行為者になり得ます。

職場におけるセクシュアルハラスメントの種類

「対価型セクシュアルハラスメント」と「環境型セクシュアルハラスメント」の2種類があり，前者は労働者の意に反する性的な言動に対する労働者の対応（拒否や抵抗）により，その労働者が**解雇**，**降格**，**減給**，労働契約の更新拒否，昇進・昇格の対象からの除外，客観的に見て**不利益な配置転換**などの不利益を受けることです。後者は，労働者の意に反する性的な言動により労働者の就業環境が不快なものとなったため，能力の発揮に重大な悪影響が生じるなどその労働者が就業する上で**看過できない程度の支障**が生じることです。

パワーハラスメント

厚生労働省では，同じ職場で働く者に対して，職務上の地位や人間関係などの**職場内の優位性**を背景に，業務の適正な範囲を超えて，身体的・精神的苦痛を与えることまたは職場環境を悪化させることをパワーハラスメントとして定義しています。職場内での優位性には，職務上の地位に限らず，人間関係や**専門知識**，経験などのさまざまな優位性が含まれます。

業務上の必要な指示や注意・指導を不満に感じたりする場合でも，**業務上の適正な範囲**で行われている場合には，パワーハラスメントには当たらないとしています。

☑パワーハラスメントは，職場内の優位性を背景に，業務
の適正な範囲を超えて，精神的・身体的苦痛を与えるま
たは職場環境を悪化させる行為

問1

重要度 ★★★

職場のパワーハラスメントやセクシュアルハラスメント等
の様々なハラスメントは，働く人が能力を十分に発揮するこ
との妨げになることはもちろん，個人としての尊厳や人格を
不当に傷つける等の人権に関わる許されない行為である。ま
た，企業等にとっても，職場秩序の乱れや業務への支障が生
じたり，貴重な人材の損失につながり，社会的評価にも悪影
響を与えかねない大きな問題である。職場のハラスメントに
関する次の記述のうち，適切なものの数はどれか。

(ア) ハラスメントの行為者としては，事業主，上司，同
僚，部下に限らず，取引先，顧客，患者及び教育機関に
おける教員・学生等がなり得る。

(イ) ハラスメントであるか否かについては，相手から意思
表示があるかないかにより決定される。

(ウ) 職場の同僚の前で，上司が部下の失敗に対し，「ば
か」，「のろま」などの言葉を用いて大声で叱責する行為
は，本人はもとより職場全体のハラスメントとなり得る。

(エ) 職場で不満を感じたりする指示や注意・指導があった
としても，客観的にみて，これらが業務の適切な範囲で

行われている場合には，ハラスメントに当たらない。

(オ) 上司が，長時間労働をしている妊婦に対して，「妊婦には長時間労働は負担が大きいだろうから，業務分担の見直しを行い，あなたの残業量を減らそうと思うがどうか」と配慮する行為はハラスメントに該当する。

(カ) 部下の性的指向（人の恋愛・性愛がいずれの性別を対象にするかをいう）または，性自認（性別に関する自己意識）を話題に挙げて上司が指導する行為は，ハラスメントになり得る。

(キ) 職場のハラスメントにおいて，「優越的な関係」とは職務上の地位などの「人間関係による優位性」を対象とし，「専門知識による優位性」は含まれない。

① 1　② 2　③ 3　④ 4　⑤ 5

（令和4年度　Ⅱ−5）

解説 解答④

ハラスメントに関する正誤問題です。

(ア)，(ウ)，(エ)，(カ) **適切**。記述のとおりです。

(イ) **不適切**。明確な意思表示がなくとも，相手が不快に思えばハラスメントに当たります。

(オ) **不適切**。妊娠を理由とする不利益な取扱いがなければハラスメントに当たりません。

(キ) **不適切**。「専門知識による優位性」も対象に含まれます。

したがって，適切なものの数は**4**となり，④が正解となります。

▶ 安全保障貿易管理

安全保障貿易管理（輸出管理）は，先進国が保有する高度な貨物や技術が，大量破壊兵器（核兵器・化学兵器・生物兵器・ミサイル）等の開発や製造等に関与している懸念国やテロリスト等の懸念組織に渡ることを未然に防ぐため，国際的な枠組みの下，各国が協調して実施しています。

日本では，この安全保障の観点に立った貿易管理の取り組みを**外国為替**および**外国貿易法**（外為法）に基づき規制しています。

▶ 安全保障貿易管理の対象と規制

安全保障貿易管理の対象は，「**貨物の輸出**」と「**技術の提供**」の2つです。有償，無償は問いません。

貨物とは貨物を日本から外国に向けて送付すること，技術とは技術データや技術支援サービスなど貨物の設計，製造または使用に必要な特定の情報を指します。

外為法に基づく規制は，「**リスト規制**」と「**キャッチオール規制**」から構成されており，これらの規制に該当する貨物の輸出や技術の提供は，経済産業大臣の許可が必要になります。

①リスト規制

国際的な合意を踏まえ，武器，大量破壊兵器等および通常兵器の開発等に用いられるおそれの高いものを法令等でリスト化して，そのリストに該当する貨物や技術を輸出や提供する場合には，経済産業大臣の許可が必要になる制度です。

②キャッチオール規制

リスト規制に該当しない貨物や技術であっても，大量破壊兵器等や通常兵器の開発等に用いられるおそれがある場合には，経済産業大臣の許可が必要になる制度です。

■ 管理の実務

貨物の輸出や技術の提供の引き合い等から，輸出や提供をするまでに，輸出管理として行わなければならない手続きとして，「**該非判定**」「**取引審査**」「**出荷管理**」があり，これら3つの手続きを適切に実施し，輸出や提供を行う必要があります。

①該非判定

輸出や提供しようとする貨物や技術が，リスト規制に該当するか否かを判定すること

②取引審査

貨物や技術の用途と需要者等について確認するなどし，取り引きを行うか否かを判断すること

③出荷管理

貨物の出荷や技術の提供前に，同一性の確認および許可証の有無の確認を行うこと

■ 輸出者等遵守基準

業として輸出・技術提供を行う者は，輸出者等遵守基準に従って，**貨物の輸出および技術の提供**を行うことが義務付けられています。

輸出者等遵守基準は，**①すべての輸出者等の基準**，**②リスト規制貨物・技術を扱っている輸出者等の基準**の2段階で構成されています。

☑規制に該当する貨物の輸出や技術の提供は，経済産業大臣の許可が必要

☑輸出管理として行わなければならない手続きとして，「該非判定」「取引審査」「出荷管理」がある

問1
重要度 ★★

　安全保障貿易管理とは，我が国を含む国際的な平和及び安全の維持を目的として，武器や軍事転用可能な技術や貨物が，我が国及び国際的な平和と安全を脅かすおそれのある国家やテロリスト等，懸念活動を行うおそれのある者に渡ることを防ぐための技術の提供や貨物の輸出の管理を行うことである。先進国が有する高度な技術や貨物が，大量破壊兵器等（核兵器・化学兵器・生物兵器・ミサイル）を開発等（開発・製造・使用又は貯蔵）している国等に渡ること，また通常兵器が過剰に蓄積されることなどの国際的な脅威を未然に防ぐために，先進国を中心とした枠組みを作って，安全保障貿易管理を推進している。

　安全保障貿易管理は，大量破壊兵器等や通常兵器に係る「国際輸出管理レジーム」での合意を受けて，我が国を含む国際社会が一体となって，管理に取り組んでいるものであり，我が国では外国為替及び外国貿易法（外為法）等に基づき規制が行われている。安全保障貿易管理に関する次の記述のうち，適切なものの数はどれか。

（ア）　自社の営業担当者は，これまで取引のないA社（海

外）から製品の大口の引き合いを受けた。A社からすぐ
に製品の評価をしたいので，少量のサンプルを納入して
欲しいと言われた。当該製品は国内では容易に入手が可
能なものであるため，規制はないと判断し，商機を逃す
まいと急いでA社に向けて評価用サンプルを輸出した。

(イ)　自社は商社として，メーカーの製品を海外へ輸出して
いる。メーカーから該非判定書を入手しているが，メー
カーを信用しているため，自社では判定書の内容を確認
していない。また，製品に関する法令改正を確認せず，
5年前に入手した該非判定書を使い回している。

(ウ)　自社は従来，自動車用の部品（非該当）を生産し，海
外へも販売を行っていた。あるとき，昔から取引のある
A社から，B社（海外）もその部品の購入意向があるこ
とを聞いた。自社では，信頼していたA社からの紹介と
いうこともあり，すぐに取引を開始した。

(エ)　自社では，リスト規制品の場合，営業担当者は該非判
定の結果及び取引審査の結果を出荷部門へ連絡し，出荷
指示をしている。出荷部門では該非判定・取引審査の完
了を確認し，さらに，輸出・提供するものと審査したも
のとの同一性や，輸出許可の取得の有無を確認して出荷
を行った。

① 0　　② 1　　③ 2　　④ 3　　⑤ 4

（令和4年度　Ⅱ－8）

解説　**解答②**

(ア)　**不適切**。安易に規制はないと判断する前に，該当す
るかどうかを必ず確認する必要があります。

(イ)　**不適切**。自社でも該非判定書を確認する必要があり

ます。

（ウ）　**不適切**。すぐに取引を開始するのではなく，自社で
需要者や用途の確認を行う必要があります。

（エ）　**適切**。記述のとおりです。

したがって，適切なものの数は1となり，②が正解となり
ます。

問2　　　　　　　　　　　　　　　重要度 ★★★

安全保障貿易管理（輸出管理）は，先進国が保有する高度
な貨物や技術が，大量破壊兵器等の開発や製造等に関与して
いる懸念国やテロリスト等の懸念組織に渡ることを未然に防
ぐため，国際的な枠組みの下，各国が協調して実施してい
る。近年，安全保障環境は一層深刻になるとともに，人的交
流の拡大や事業の国際化の進展等により，従来にも増して安
全保障貿易管理の重要性が高まっている。大企業や大学，研
究機関のみならず，中小企業も例外ではなく，業として輸出
等を行う者は，法令を遵守し適切に輸出管理を行わなければ
ならない。輸出管理を適切に実施することにより，法令違反
の未然防止はもとより，懸念取引等に巻き込まれるリスクも
低減する。

輸出管理に関する次の記述のうち，最も適切なものはどれ
か。

① α大学の大学院生は，ドローンの輸出に関して学内手続
をせずに，発送した。

② α大学の大学院生は，ロボットのデモンストレーション
を実施するためにA国β大学に輸出しようとするロボット
に，リスト規制に該当する角速度・加速度センサーが内蔵
されているため，学内手続の申請を行いセンサーが主要な

要素になっていないことを確認した。その結果，規制に該当しないものと判断されたので，輸出を行った。

③ α大学の大学院生は，学会発表及びB国γ研究所と共同研究の可能性を探るための非公開の情報を用いた情報交換を実施することを目的とした外国出張の申請書を作成した。申請書の業務内容欄には「学会発表及び研究概要打合せ」と記載した。研究概要打合せは，輸出管理上の判定欄に「公知」と記載した。

④ α大学の大学院生は，C国において地質調査を実施する計画を立てており，「赤外線カメラ」をハンドキャリーする予定としていた。この大学院生は，過去に学会発表でC国に渡航した経験があるので，直前に海外渡航申請の提出をした。

⑤ α大学の大学院生は，自作した測定装置は大学の輸出管理の対象にならないと考え，輸出管理手続をせずに海外に持ち出すことにした。

(令和3年度　Ⅱ−4)

解説　**解答②**

① **不適切**。ドローンは輸出管理の対象になっているので，手続きが必要となります。

② **適切**。記述のとおりです。

③ **不適切**。公知とは，不特定多数の者に対して公開されている情報である必要があります。

④ **不適切**。審査時間が必要となるので，直前の海外渡航申請の提出は適切ではありません。

⑤ **不適切**。自作品であっても輸出管理の対象になります。
したがって，②が正解となります。

■ISO26000：2010

　ISO26000：2010（**社会的責任**に関する手引）は，組織の持続可能な発展に貢献するために，企業だけでなく，**あらゆる**種類の**組織**に適用可能な**社会的責任**に関する規格で，2010年に発行されました。認証を目的とした規格ではなく，組織が効果的に社会的責任を**組織全体**に統合するためのガイダンスとなっています。

　規格の制定に当たって，日本では，政府，産業界だけでなく，労働者，消費者，NPOなどの数多くの組織，個人が検討に参加しました。

■適用範囲

　ISO26000：2010の適用範囲は，「その規模や所在地に関係なく，**あらゆる**種類の**組織**」としています。

■7つの原則

　ISO26000：2010では，すべての組織で基本とすべき重要な視点として，社会的責任を果たすための**7つ**の原則を示しています。

---

①説明責任

　組織は，自らが社会，経済および環境に与える影響について説明責任を負うべきである。

②透明性

　組織は，社会および環境に影響を与える自らの決定および活動に関して，透明であるべきである。

---

③倫理的な行動

組織は，倫理的に行動すべきである。

④ステークホルダーの利害の尊重

組織は，自らのステークホルダー※の利害を尊重し，よく考慮し，対応すべきである。

⑤法の支配の尊重

組織は，法の支配を尊重することが義務であると認めるべきである。

⑥国際行動規範の尊重

組織は，法の支配の尊重という原則に従うと同時に，国際行動規範も尊重すべきである。

⑦人権の尊重

組織は，人権を尊重し，その重要性および普遍性の両方を認識すべきである。

※ステークホルダー：組織の何らかの決定または活動に利害関係を持つ個人またはグループ

▶7つの中核主題

ISO26000：2010では，自らの社会的責任の範囲を定義し，関連性のある課題を特定して，その優先順位を設定するために取り組むべき**7**つの中核主題を示しています。

①組織統治

②人権

③労働慣行

④環境

⑤公正な事業慣行

⑥消費者課題

⑦コミュニティへの参画およびコミュニティの発展

☑ ISO26000は，組織が効果的に社会的責任を組織全体に統合するためのガイダンス

☑ 7つの原則：説明責任，透明性，倫理的な行動，ステークホルダーの利害の尊重，法の支配の尊重，国際行動規範の尊重，人権の尊重

問1　　　　　　　　　　　　　　　重要度 ★★★

　近年，世界中で環境破壊，貧困など様々な社会的問題が深刻化している。また，情報ネットワークの発達によって，個々の組織の活動が社会に与える影響はますます大きく，そして広がるようになってきている。このため社会を構成するあらゆる組織に対して，社会的に責任ある行動がより強く求められている。1SO26000には社会的責任の7つの原則として「人権の尊重」，「国際行動規範の尊重」，「倫理的な行動」他4つが記載されている。次のうち，その4つに<u>該当しないもの</u>はどれか。

① 透明性
② 法の支配の尊重
③ 技術の継承
④ 説明責任
⑤ ステークホルダーの利害の尊重

（令和4年度　Ⅱ−3）

ISO26000に関する問題です。

ISO26000では，説明責任，透明性，倫理的な行動，ステークホルダーの利害の尊重，法の支配の尊重，国際行動規範の尊重，人権の尊重を社会的責任の7つの原則として定義づけています。

したがって，③が正解となります。

問2　　　　　　　　　　　　　　　　　　重要度 ★★★

「製品安全に関する事業者の社会的責任」は，ISO26000（社会的責任に関する手引き）2.18にて，以下のとおり，企業を含む組織の社会的責任が定義されている。

組織の決定および活動が社会および環境に及ぼす影響に対して次のような透明かつ倫理的な行動を通じて組織が担う責任として，

　　—健康および社会の繁栄を含む持続可能な発展に貢献する
　　—ステークホルダー（利害関係者）の期待に配慮する
　　—関連法令を遵守し，国際行動規範と整合している
　　—その組織全体に統合され，その組織の関係の中で実践される

製品安全に関する社会的責任とは，製品の安全・安心を確保するための取組を実施し，さまざまなステークホルダー（利害関係者）の期待に応えることを指す。

以下に示す（ア）〜（キ）の取組のうち，不適切なものの数

はどれか。

(ア) 法令等を遵守した上でさらにリスクの低減を図ること
(イ) 消費者の期待を踏まえて製品安全基準を設定すること
(ウ) 製造物責任を負わないことに終始するのみならず製品事故の防止に努めること
(エ) 消費者を含むステークホルダー（利害関係者）とのコミュニケーションを強化して信頼関係を構築すること
(オ) 将来的な社会の安全性や社会的弱者にも配慮すること
(カ) 有事の際に迅速かつ適切に行動することにより被害拡大防止を図ること
(キ) 消費者の苦情や紛争解決のために，適切かつ容易な手段を提供すること

① 0　② 1　③ 2　④ 3　⑤ 4

（令和2年度　Ⅱ－12）

解説　**解答①**

　製品安全に関する事業者の社会的責任に関する問題です。
　(ア)～(キ) の記述は，いずれも経済産業省による『製品安全に関する事業者ハンドブック』の「製品安全に関する事業者の社会的責任」の記載事項です。
　したがって，不適切なものの数は**0**となり，①が正解となります。

問3　　　　　　　　　　　　　　　**重要度 ★★★**

組織の社会的責任（SR：Social Responsibility）の国際規

格として，2010年11月，ISO26000「Guidance on social responsibility」が発行された。また，それに続き，2012年，ISO規格の国内版（JIS）として，JIS Z 26000：2012（社会的責任に関する手引き）が制定された。そこには，「社会的責任の原則」として7項目が示されている。その7つの原則に関する次の記述のうち，最も不適切なものはどれか。

① 組織は，自らが社会，経済及び環境に与える影響について説明責任を負うべきである。

② 組織は，社会及び環境に影響を与える自らの決定及び活動に関して，透明であるべきである。

③ 組織は，倫理的に行動すべきである。

④ 組織は，法の支配の尊重という原則に従うと同時に，自国政府の意向も尊重すべきである。

⑤ 組織は，人権を尊重し，その重要性及び普遍性の両方を認識すべきである。

（令和元年度　Ⅱ－14）

解説 解答④

JIS Z 26000：2012の「社会的責任の原則」に関する正誤問題です。

① **適切**。記述のとおりです。

② **適切**。記述のとおりです。

③ **適切**。記述のとおりです。

④ **不適切**。自国政府の意向ではなく，国際行動規範も尊重すべきであるとしています。

⑤ **適切**。記述のとおりです。

したがって，④が正解となります。

▶ リスクマネジメント

　企業や組織の業務プロセスの中で発生するであろう不具合を**事前**に予想し，整理して，**重み付け**評価を行い，**優先順位**をもとに対策を検討・実施することです。

▶ リスク

　リスクは，「**被害規模×発生確率**」で表されます。被害規模が小さく，それが発生する確率もほとんどなければリスクは最小であり，被害規模の大きい出来事が頻繁に起こればリスクは最大です。どちらかの数値が限りなく0ならば，もう一方が大きくてもリスクは小さいということになります。

▶ リスクマネジメントの流れ

　リスクマネジメントの流れは，以下のとおりです。

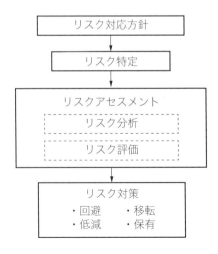

■ リスク対策

リスク対策は，通常，リスク**回避**，リスク**低減**，リスク**移転**，リスク**保有**の4つに分類されます。

■ リスク回避

リスク回避は，新規事業の参入自体を回避すること，自社の能力以上の高度な技術を要する製品や工事の発注をあきらめることなどが該当します。

■ リスク低減

被害規模を少なくする，発生確率を下げる，両方を下げる対策などが該当します。

■ リスク移転

被害規模が大きく発生確率が小さいものに対して，保険を掛ける方法などが該当します。

■ リスク保有

リスクを**受容**することで，対策として何もしないことです。

■ リスク低減措置の優先順位

リスク低減措置は，①**設計**や**計画**の段階における措置，②**工学**的対策，③**マニュアル**の整備，④個人用**保護具**の使用の順に優先されます。

■ ALARP原理

ALARP（As Low As Reasonably Practicable）原理とは，**合理的**に実行可能な**最低**の水準まで低減しなければならないとするリスク許容の概念です。

☑ リスクは，被害規模×発生確率

☑ リスク対策は，リスク回避，リスク低減，リスク移転，リスク保有の4つ

☑ リスク低減措置の優先順位は，①設計や計画の段階における措置，②工学的対策，③マニュアルの整備，④個人用保護具の使用

☑ ALARP（As Low As Reasonably Practicable）原理とは，合理的に実行可能な最低の水準まで低減しなければならないとするリスク許容の概念

問1　　　　　　　　　　　　　　　**重要度 ★★★**

　技術者にとって安全の確保は重要な使命の1つである。この安全とは，絶対安全を意味するものではなく，リスク（危害の発生確率及びその危害の度合いの組合せ）という数量概念を用いて，許容不可能なリスクがないことをもって，安全と規定している。この安全を達成するためには，リスクアセスメント及びリスク低減の反復プロセスが必要である。安全の確保に関する次の記述のうち，<u>不適切なもの</u>はどれか。

① リスク低減反復プロセスでは，評価したリスクが許容可能なレベルとなるまで反復し，その許容可能と評価した最終的な「残留リスク」については，妥当性を確認し文書化する。

② リスク低減とリスク評価に関して，「ALARP」の原理

がある。「ALARP」とは,「合理的に実行可能な最低の」を意味する。

③ 「ALARP」が適用されるリスク水準領域において,評価するリスクについては,合理的に実行可能な限り低減するか,又は合理的に実行可能な最低の水準まで低減することが要求される。

④ 「ALARP」の適用に当たっては,当該リスクについてリスク低減をさらに行うことが実際的に不可能な場合,又は費用に比べて改善効果が甚だしく不釣合いな場合だけ,そのリスクは許容可能となる。

⑤ リスク低減方策のうち,設計段階においては,本質的安全設計,ガード及び保護装置,最終使用者のための使用上の情報の3方策があるが,これらの方策には優先順位はない。

(令和4年度　Ⅱ−6)

解説　解答⑤

リスクと安全に関する正誤問題です。

①〜④　**適切**。記述のとおりです。

⑤　**不適切**。リスク低減方策は,本質的安全設計,ガード及び保護装置,最終使用者のための使用上の情報の順に優先順位が付けられています。

したがって,⑤が正解となります。

問2　　　　　　　　　　　　　　　重要度 ★★★

労働安全衛生法における安全並びにリスクに関する次の記述のうち,最も不適切なものはどれか。

① リスクアセスメントは，事業者自らが職場にある危険性又は有害性を特定し，災害の重篤度（危害のひどさ）と災害の発生確率に基づいて，リスクの大きさを見積もり，受け入れ可否を評価することである。

② 事業者は，職場における労働災害発生の芽を事前に摘み取るために，設備，原材料等や作業行動等に起因するリスクアセスメントを行い，その結果に基づいて，必要な措置を実施するように努めなければならない。なお，化学物質に関しては，リスクアセスメントの実施が義務化されている。

③ リスク低減措置は，リスク低減効果の高い措置を優先的に実施することが必要で，次の順序で実施することが規定されている。

（1） 危険な作業の廃止・変更等，設計や計画の段階からリスク低減対策を講じること

（2） インターロック，局所排気装置等の設置等の工学的対策

（3） 個人用保護具の使用

（4） マニュアルの整備等の管理的対策

④ リスク評価の考え方として，「ALARPの原則」がある。ALARPは，合理的に実行可能なリスク低減措置を講じてリスクを低減することで，リスク低減措置を講じることによって得られるメリットに比較して，リスク低減費用が著しく大きく合理性を欠く場合はそれ以上の低減対策を講じなくてもよいという考え方である。

⑤ リスクアセスメントの実施時期は，労働安全衛生法で次のように規定されている。

（1） 建築物を設置し，移転し，変更し，又は解体するとき

(2) 設備，原材料等を新規に採用し，又は変更すると
き

(3) 作業方法又は作業手順を新規に採用し，又は変更
するとき

(4) その他危険性又は有害性等について変化が生じ，
又は生じるおそれがあるとき

（平成30年度　Ⅱ－11）

解説　**解答③**

リスクマネジメントに関する正誤問題です。

① **適切**。記述のとおりです。

② **適切**。記述のとおりです。

③ **不適切**。(3) 個人用保護具の使用と，(4) マニュア
ルの整備等の管理的対策の順序が逆になります。

④ **適切**。記述のとおりです。

⑤ **適切**。記述のとおりです。

したがって，③が正解となります。

SDGs

SDGs（Sustainable Development Goals：持続可能な開発目標）とは，2015年9月の国連サミットで加盟国の全会一致で採択された「持続可能な開発のための2030アジェンダ」に記載された，**2030年**までに持続可能でよりよい世界を目指す国際目標です。

前身は，2001年に策定されたMDGs（Millennium Development Goals：ミレニアム開発目標）です。

SDGsの構成と対象

SDGsは，**17のゴール**と**169のターゲット**から構成されています。地球上の「誰一人取り残さない（leave no one behind）」ことを目指し，先進国も含め，すべての国が取り組むべき普遍的（ユニバーサル）な目標となっています。

17のゴール

17のゴールは，①貧困や飢餓，教育など未だに解決を見ない**社会面の開発**アジェンダ，②エネルギーや資源の有効活用，働き方の改善，不平等の解消などすべての国が持続可能な形で経済成長を目指す**経済**アジェンダ，③地球環境や気候変動など地球規模で取り組むべき**環境**アジェンダといった世界が直面する課題を網羅的に示しています。

17のゴールは以下のとおりです。

1．［貧困］貧困をなくそう
2．［飢餓］飢餓をゼロに
3．［保健］すべての人に健康と福祉を

4. ［教育］質の高い教育をみんなに
5. ［ジェンダー］ジェンダー平等を実現しよう
6. ［水・衛生］安全な水とトイレを世界中に
7. ［エネルギー］エネルギーをみんなに。そしてクリーンに
8. ［経済成長と雇用］働きがいも経済成長も
9. ［インフラ，産業化，イノベーション］産業と技術革新の基盤をつくろう
10. ［不平等］人や国の不平等をなくそう
11. ［持続可能な都市］住み続けられるまちづくりを
12. ［持続可能な消費と生産］つくる責任，つかう責任
13. ［気候変動］気候変動に具体的な対策を
14. ［海洋資源］海の豊かさを守ろう
15. ［陸上資源］陸の豊かさも守ろう
16. ［平和］平和と公正をすべての人に
17. ［実施手段］パートナーシップで目標を達成しよう

SDGsの特徴

SDGsの特徴は以下のとおりです。

①普遍性：先進国を含め，すべての国が行動

②包摂性：誰一人取り残さない

③参画型：すべてのステークホルダーが役割を

④統合性：社会・経済・環境に統合的に取り組む

⑤透明性：定期的にフォローアップ

☑ 「誰一人取り残さない」ことを目指し，先進国も含め，すべての国が取り組むべき普遍的（ユニバーサル）な目標

☑ 17のゴールと169のターゲットから構成されている

☑ 17のゴールは，社会，経済，環境の3側面を調和させることを目指す

☑ 普遍性，包摂性，参画型，統合性，透明性を特徴とする

問1

重要度 ★★★

SDGs（Sustainable Development Goals：持続可能な開発目標）とは，持続可能で多様性と包摂性のある社会の実現のため，2015年9月の国連サミットで全会一致で採択された国際目標である。次の（ア）〜（キ）の記述のうち，SDGsの説明として正しいものは○，誤っているものは×として，適切な組合せはどれか。

（ア）　SDGsは，先進国だけが実行する目標である。

（イ）　SDGsは，前身であるミレニアム開発目標（MDGs）を基にして，ミレニアム開発目標が達成できなかったものを全うすることを目指している。

（ウ）　SDGsは，経済，社会及び環境の三側面を調和させることを目指している。

（エ）　SDGsは，「誰一人取り残さない」ことを目指している。

(オ) SDGsでは、すべての人々の人権を実現し、ジェンダー平等とすべての女性と女児のエンパワーメントを達成することが目指されている。

(カ) SDGsは、すべてのステークホルダーが、協同的なパートナーシップの下で実行する。

(キ) SDGsでは、気候変動対策等、環境問題に特化して取組が行われている。

	ア	イ	ウ	エ	オ	カ	キ
①	×	×	○	○	○	○	○
②	×	○	×	○	×	○	×
③	×	○	○	○	○	○	×
④	○	×	○	×	○	×	○
⑤	×	○	○	○	○	×	×

（令和4年度　Ⅱ－14）

解説　**解答③**

SDGsに関する正誤問題です。

(ア) ×。SDGsは先進国、途上国を問わず、すべての国々を対象としています。

(イ)～(カ) ○。いずれも正しい記述です。

(キ) ×。SDGsに掲げられた17の目標には気候変動対策等、環境問題も含まれますが、特化した取組ではありません。

したがって、③が正解となります。

問2　　　　　　　　　　　　　　　　　　　重要度 ★★★

　SDGs（Sustainable Development Goals：持続可能な開発目標）とは，2030年の世界の姿を表した目標の集まりであり，貧困に終止符を打ち，地球を保護し，すべての人が平和と豊かさを享受できるようにすることを目指す普遍的な行動を呼びかけている。SDGsは2015年に国連本部で開催された「持続可能な開発サミット」で採択された17の目標と169のターゲットから構成され，それらには「経済に関すること」「社会に関すること」「環境に関すること」などが含まれる。また，SDGsは発展途上国のみならず，先進国自身が取り組むユニバーサル（普遍的）なものであり，我が国も積極的に取り組んでいる。国連で定めるSDGsに関する次の（ア）～（エ）の記述のうち，正しいものを○，誤ったものを×として，最も適切な組合せはどれか。

（ア）　SDGsは，政府・国連に加えて，企業・自治体・個人など誰もが参加できる枠組みになっており，地球上の「誰一人取り残さない（leave no one behind）」ことを誓っている。

（イ）　SDGsには，法的拘束力があり，処罰の対象となることがある。

（ウ）　SDGsは，深刻化する気候変動や，貧富の格差の広がり，紛争や難民・避難民の増加など，このままでは美しい地球を子・孫・ひ孫の代につないでいけないという危機感から生まれた。

（エ）　SDGsの達成には，目指すべき社会の姿から振り返って現在すべきことを考える「バックキャスト（Backcast）」ではなく，現状をベースとして実現可能

性を踏まえた積み上げを行う「フォーキャスト (Forecast)」の考え方が重要とされている。

	ア	イ	ウ	エ
①	○	×	○	○
②	○	○	○	×
③	×	○	×	○
④	○	×	○	×
⑤	×	×	○	○

（令和3年度　Ⅱ-5）

解説　解答④

SDGsに関する正誤問題です。

（ア）　○。記述のとおりです。

（イ）　×。法的拘束力はなく，処罰の対象になることもありません。

（ウ）　○。記述のとおりです。

（エ）　×。SDGsの達成には，バックキャストの考え方が重要とされています。

したがって，④が正解となります。

適性科目

6

12

S
D
G
s

合格のためのチェックポイント

「適性科目」の出題内容は，技術士法第4章関連，関連法令・標準規格，技術者の倫理の3つに大きく分けられるが，**過去問題を解くことで十分に合格圏に到達できる**。ただし，関連法令・標準規格についての出題が増えているので，これらの条文や内容の理解が必須となる。

●技術士法第4章関連
技術士法第4章で条文化されている「技術士等に課せられる3つの義務と2つの責務」の内容を理解する
具体的には，信用失墜行為の禁止，技術士等の秘密保持義務，技術士の名称表示の場合の義務，技術士等の公益確保の責務，技術士の資質向上の責務のこと。

●関連法令・標準規格
関連法令では，製造物責任法，公益通報者保護法，個人情報保護法，安全保障貿易管理などを押さえる
上記のほかに，景品表示法，消費生活用製品安全法，育児・介護休業法，食品安全法，生物の多様性の確保に関する法律，知的財産権（著作権），労働関連法規などの出題があった。

標準規格では，ISO12100，ISO26000，ISO31000やリスクマネジメント関連などを押さえる
「関連法令・標準規格」の問題では，各法令の目的や制度内容のポイントを把握しておくのが肝要。

●技術者の倫理
『技術士倫理綱領』をはじめ，『技術士倫理綱領の解説』『技術士ビジョン21』も通読して理解しておく
日本技術士会制定の『技術士倫理綱領』は，技術士を対象とした内部規定だが，技術者全般の倫理判断としても捉えることができる。

索引

著者プロフィール

堀 与志男（ほり よしお）

（株）5Doors' 代表取締役
1960年愛知県生まれ。建設会社で18年勤務後、2000年にホリ環境コンサルタント設立。2004年に（株）5Doors' を設立、代表取締役。経営指導のほか、社員教育も手がける。技術士受験指導歴27年。技術士（総合技術監理・建設部門）、土木学会特別上級技術者。
著書：『建設技術者なら独立できる』（新風舎）、『技術士第二次試験 建設部門 合格指南』、『国土交通白書の読み方』（日経BP社）ほか多数。

装丁・本文デザイン　谷口賢（タニグチ屋デザイン）

技術士教科書 技術士 第一次試験 出るとこだけ！
基礎・適性科目の要点整理 ［第3版］

2023 年 6 月 19 日　初版　第 1 刷発行
2024 年 7 月 5 日　初版　第 3 刷発行

著　者　　　堀 与志男（ほり よしお）
発行人　　　佐々木 幹夫
発行所　　　株式会社 翔泳社（https://www.shoeisha.co.jp）
印　刷　　　昭和情報プロセス 株式会社
製　本　　　株式会社 国宝社

ISBN978 - 4 - 7981 - 8083 - 0　　　　　　　　　　Printed in Japan